≫ 나무해충 도감

나무해충도감

나무해충도감

펴낸날	2008년 7월 21일 초판 1쇄
	2011년 7월 15일 초판 3쇄
지은이	강전유 외
펴낸이	이태권
펴낸곳	소담출판사
	서울시 성북구 성북동 178-2 (우)136-020
전화	745-8566~7
팩스	747-3238
e-mail	sodam@dreamsodam.co.kr
등록번호	제2-42호(1979년 11월 14일)
홈페이지	www.dreamsodam.co.kr

ISBN 978-89-7381-938-6   03520
ISBN 978-89-7381-937-9(세트)

*책값은 뒤표지에 있습니다.
*잘못된 책은 구입하신 곳에서 교환해드립니다.

나무해충 도감

강전유 외 지음

소담출판사

나무해충도감 차례

소나무

주목

잣나무

4

5

6

7

8

9

발간사

인간과 밀접한 관계를 가지고 있는 나무를 잘 보호하고 관리하면 우리 인간은 정신적 · 신체적으로 많은 도움을 받게 됩니다. 나무가 병이 들면 수세가 쇠약해지고 심하면 고사까지 하게 되는데 거기에는 반드시 원인이 있습니다. 나무 의사는 그 피해 원인을 정확히 찾아내어 원인에 맞게 나무를 치료해야 합니다. 사람도 병이 났을 때 병원에서 정확한 병명을 알아야 제대로 된 치료를 하고 완치를 할 수 있는 이치와 같습니다. 심장이 나쁘면 심장을, 간이 나쁘면 간을, 혈압이 높으면 혈압을 치료해야 정상적으로 활동할 수 있습니다.

나무가 병이 난 원인은 크게 나무 자체의 생리적 원인에서 오는 병, 병충해로 인한 병, 기후 조건으로 인한 병, 사람의 인위적인 피해로 인한 병으로 나눌 수 있습니다. 생리적 원인에서 오는 병은 수목의 생리 기능, 즉 잎이나 줄기, 뿌리의 생리 기능 중 어느 한 부분이 비정상적으로 기능할 때 일어나는 병이고, 병충해로 인한 병은 병균이나 해충의 피해를 받아 나타나는 병입니다. 기후 조건으로 인한 병(기상적 피해)은 고온, 저온, 태풍, 강풍, 폭설 등에 의하여 나타나는 병이고, 인위적인 피해로 인한 병은 사람들의 잘못된 관리로 인하여 환경을 변화시키거나 약제 처리 잘못 등으로 병을 일으키는 것입니다.

이들 병을 치료하는 데 도움을 주고자 2001년 12월에 『수목치료의술』이라는 책을 발간하였습니다. 그러나 책이 크고 무거워서 사무실용으로는 적합하나 현장에 가지고 다니기에는 불편했습니다. 가지고 다니기에 편리하도록 작게 만들어달라는 요구가 있어 이번에 쉽게 소지할 수 있는 판형으로 다시 집필하였습니다.

여기에서는 피해 상태, 생태, 병징, 방제법을 간략하게 약술하였고, 사진을 되도록 많이 실었습니다. 그리고 최근 정리된 병충해와 공해 피해, 약해, 토양 환경 피해 등을 추가하여 두 권으로 나누어 발간하게 되었습니다. 1권은 "해충" 편이고 2권은 "병해" 편으로 2권에는 기상적 피해, 약해 피해, 공해 피해, 환경 변화에 의한 피해, 사람의 잘못된 관리에 의한 피해 등을 추가하였습니다.

아무쪼록 현장에 소지하고 다니면서 정확한 피해 원인을 진단하고 치료하는 데 도움이 되기를 바랍니다.

여기에 수록되는 각종 피해 사진은 나무 치료를 32년(1976~2007년) 동안 하면서 발생된 각종 피해를 사진으로 찍고 기록한 것입니다. 앞으로 새로 나타나는 각종 피해와 사진 자료는 추후에 추가하겠습니다.

원고를 기꺼이 출판해준 소담출판사 사장님과 원고를 작성함에 있어 많은 도움을 주신 정근조 원장님께 진심으로 감사드립니다.

2008년 6월

저자 씀

솔잎혹파리

학명 _ *Thecodiplosis japonensis* Uchida et Inouye

1999년 솔잎혹파리 피해지역

❶ 피해 상황
1929년 전남 목포와 서울의 비원에서 최초 발견, 전국 각지의 소나무를 고사시킨 해충이다.

❷ 피해 상태
소나무(적송), 곰솔(해송)에만 기생하며 리기다소나무와 다른 소나무류, 잣나무 등 침엽수에는 기생하지 않는다. 솔잎혹파리의 유충은 솔잎 기부에서 혹(충영)을 만들고 8월경이면 건전엽보다 1/2~1/3 정도 길이가 짧으므로 정상엽과 쉽게 구별이 된다.

❸ 형태
성충은 몸길이 2㎜ 내외로 복부는 황색이다.

❹ 생활사
1년에 1회 발생하며 성충은 5월 초순부터 7월 초순 사이에 토양 속에서 나온다. 다 자란 유충은 10월 중순부터 다음 해 1월까지 땅으로 낙하하여 월동하며 남부지방에서는 낙엽되지 않은 기부 혹 속에서 월동하는 것도 있다.

❺ 방제법
〈수간주사〉
- 약제 _ 포스파미돈 액제(포스팜)
- 시기 _ 5월 25일~6월 30일
- 방법 _ 흉고직경에 따라 수간주사 주입 약량 조절
〈약제살포〉
- 약제 _ 페니트로티온 유제(스미치온)
- 시기 _ 5월 하순~6월 하순
- 방법 _ 500~1,000배 희석액을 2~3회 살포

2000년 금강산 솔잎혹파리 피해지

1999년 솔잎혹파리 피해 나무 벌채

솔잎혹파리 성충

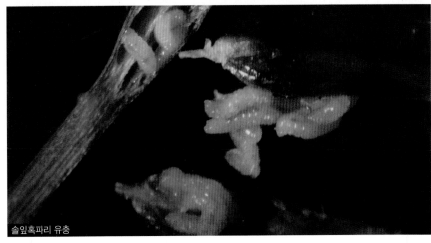

솔잎혹파리 유충

솔잎혹파리 충영

솔잎혹파리 피해를 입은 잎

수간주사로 인한 솔잎혹파리 살충 상태

솔잎혹파리 수간주사 광경

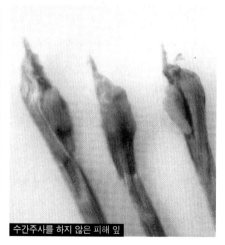

수간주사를 하지 않은 피해 잎

14

솔껍질깍지벌레

학명 _ *Matsucoccus thunbergianae* Miller et Park

솔껍질깍지벌레 피해

❶ 피해 상황
1963년 전라남도 고흥군 도양읍 비봉산에서 최초
로 발생된 것으로 추정된다.

❷ 피해 상태
피해받은 나무는 하부 가지부터 고사하여 상층부로
피해가 진전되며 피해가 가장 뚜렷하게 나타나는
시기는 3~5월 사이로 적갈색을 띠면서 고사한다.

❸ 형태
암컷은 장타원형으로 몸길이는 2.0~5.0㎜이고 황갈
색이며, 수컷은 1.5~2.0㎜이다. 수컷은 날개가 있다.

❹ 생활사
1년에 1회 발생하고 후약충태로 월동한다. 4월 초
순~5월 중순에 산란하고 부화약충은 5월 초순부
터 6월 중순 사이에 부화한다. 11월이 되면 구형의
왁스층을 뚫고 후약충이 나타나는데 이때에는 이
동을 하면서 수액을 빨아 먹는다.

❺ 방제법
〈수간주사〉
• 약제 _ 포스파미돈 액제(포스팜)
• 시기 _ 12월 중순~1월 중순
• 방법 _ 흉고직경 1㎝당 0.5㏄ ~1.0㏄
〈약제살포〉
• 약제 _ 메티다티온 유제(수프라사이드),
　　　　페니트로티온 유제(스미치온)
• 시기 _ 4월 하순~5월 하순
• 방법 _ 약종에 따라 1,000배 희석액을 7~10일 간격
　　　　으로 3~5회 살포
• 유의점 _ 피해 나무는 7월~9월 사이에 벌채해 제거

15

솔껍질깍지벌레 피해 나무 제거

임지 내의 솔껍질깍지벌레 피해 상태(전남 영암)

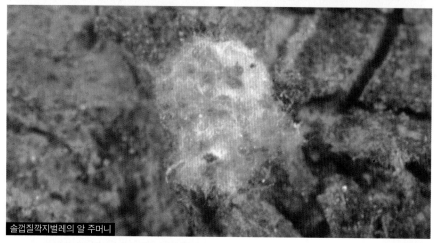

솔껍질깍지벌레의 알 주머니

솔껍질깍지벌레 성충(우)

2002년 솔껍질깍지벌레 피해 나무

16

2005년 솔껍질깍지벌레 피해 나무

가로수 해송의 솔껍질깍지벌레 피해 상태(1997년 전남 여수)

소나무가루깍지벌레

학명 _ *Crisicoccus pini* (Kuwana)

소나무가루깍지벌레 피해를 입은 소나무

❶ 피해 상황

수세가 쇠약해지고 가지가 고사되어 수형이 파괴
되는 결과를 초래한다.

❷ 피해 상태

소나무가루깍지벌레는 신초나 가지에서 수액을 빨
아 먹는 흡수성 해충으로 전파 속도가 느리며 외형
상 소나무 수세가 쇠약해지고 그을음병을 유발한다.

❸ 형태

가지나 신초에 솜 같은 분비물이 묻어 있는 곳을
헤쳐보면 0.2~0.3㎜의 유백색이며 타원형의 알이
무더기로 산란되어 있다. 부화 시기가 가까워질수
록 유백색이 회갈색으로 변한다. 성충은 흰색 가루
로 덮여 있으며 2개의 긴 꼬리가 있다.

❹ 생활사

1년에 2회 발생하며 약충태로 월동, 4~5월에 성충
이 된다. 산란 시기는 5월 중순부터 7월 하순까지
이나 일반적으로 5~6월에 가장 많이 산란한다.

❺ 방제법

• 약제 _ 메티다티온 유제(수프라사이드),
　　　 페니트로티온 유제(스미치온)

• 시기 _ 5월 하순~7월 하순(1화기)
　　　 8월 하순~9월(2화기)

• 방법 _ 1,000배 희석액을 7~10일 간격으로 신초
　　　 와 가지에 충분히 묻도록 2~3회 살포

소나무가루깍지벌레 신초 피해

소나무가루깍지벌레 줄기 피해

소나무가루깍지벌레 성충

소나무가루깍지벌레 부화약충

소나무가루깍지벌레 일령약충

소나무굴깍지벌레

학명 _ *Lepidosaphes pini* (Maskell)

❶ 피해 상황

조경수의 소나무에 상당한 피해를 주며 소나무, 해송, 방크스소나무, 스트로브잣나무, 테다소나무, 리기다소나무에 주로 기생한다.

❷ 피해 상태

잎에서 즙액을 빨아 먹기 때문에 잎의 생장이 불량하며, 잎에 황화현상이 나타나고, 조기 낙엽되어 수세가 쇠약해진다.

❸ 형태

성충은 2~4㎜의 다갈색 또는 자갈색의 깍지를 쓰고 있으며 앞쪽은 좁고 뒤쪽은 넓어지는 긴 삼각형 형태를 하고 있다.

❹ 생활사

1년에 2회 발생하며 성충 또는 2~3령의 상태로 월동한다.

❺ 방제법

• 약제 _ 메티다티온 유제(수프라사이드),
　　　　디메토에이트 유제(로고, 록숀)
• 시기 _ 5월 중순~6월 중순(1화기)
　　　　8월 중순~9월 중순(2화기)
• 방법 _ 7~10일 간격으로 2~3회 살포

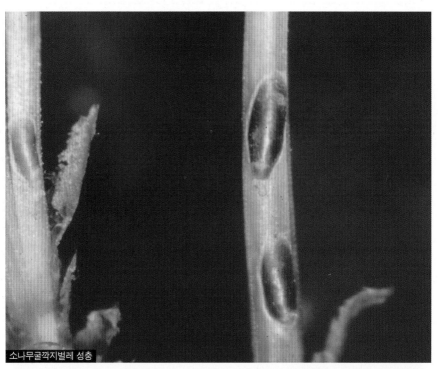

소나무굴깍지벌레 성충

소나무굴깍지벌레 알

소나무껍질깍지벌레

학명 _ *Matsucoccus matsumurae* (Kuwana)

소나무껍질깍지벌레 피해를 입은 소나무

❶ 피해 상황

우리나라 중부지방에 피해가 주로 나타났다.

❷ 피해 상태

주로 가지나 줄기의 수액을 빨아 먹어 수세가 쇠약
해지며 가지가 고사되어 수형을 파괴한다.

❸ 형태

성충의 몸길이는 2.5~4㎜로 갈색이고, 타원형 또
는 서양배(梨) 모양이고 배(腹) 부분이 넓다.

❹ 생활사

솔껍질깍지벌레 참조

❺ 방제법

솔껍질깍지벌레 참조

줄기에 나타난 소나무껍질깍지벌레 피해 증상

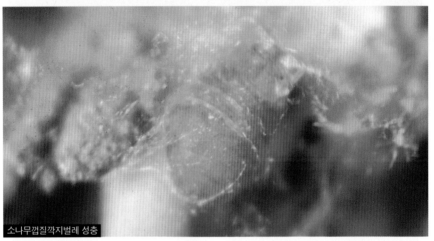
소나무껍질깍지벌레 성충

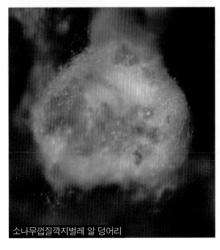
소나무껍질깍지벌레 알 덩어리

소나무껍질깍지벌레 후약충에서 성충 탈출

삼나무깍지벌레

학명 _ *Aspidiotus cryptomeriae* Kuwana

삼나무깍지벌레 피해를 입은 임지

❶ 피해 상황

주로 남부지방(부산, 울산) 소나무에 피해가 많다.

❷ 피해 상태

피해 잎이 갈색으로 변해 식별이 용이하다. 피해가 심한 경우 가지가 고사되고 수형이 파괴된다.

❸ 형태

잎에 붙어 있는 깍지는 원형 또는 타원형이고 암컷은 2~2.5㎜, 수컷은 1㎜ 내외로 평평하고 약간 반투명하며 흰색이다.

❹ 생활사

1년에 2~3회 발생하고 2~3령충으로 월동하며, 부화유충은 5월과 7~8월 사이에 나타난다.

❺ 방제법

- 약제 _ 페니트로티온 유제(스미치온), 메티다티온 유제(수프라사이드)
- 시기 _ 5월 중순~6월 중순
- 방법 _ 약종에 따라 1,000배 희석액을 7~10일 간격으로 3회 살포

삼나무깍지벌레 피해를 입은 잎

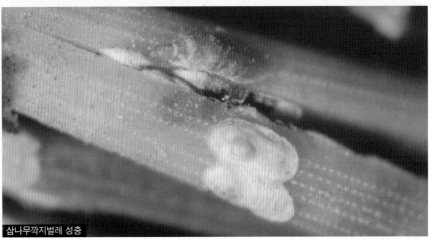

삼나무깍지벌레 성충

삼나무깍지벌레 약충

소나무의 응애류
학명_ Mite

소나무응애 피해를 입은 소나무

❶ 피해 상황

소나무를 가해하는 응애류는 우리나라에서 정확한 분류가 되어 있지 않으나, 소나무응애 *Oligonychus clavatus*(Ehara), 전나무잎응애 *Oligonychus ununguis*(Jacobi), 삼나무응애 *Oligonychus hondoensis*(Ehara) 등의 종류가 가해할 것으로 추정된다.

❷ 피해 상태

응애 피해를 받으면 일반적으로 초기에는 잎이 회백색으로 변하여 마치 먼지가 앉은 것 같은 피해 증상이 나타나고, 잎의 푸른색이 회백색으로 변한다. 소나무응애류 피해는 소나무의 피목지고병의 발생을 유도, 굵은 가지 또는 잔가지를 고사시키는 합병증도 유발한다.

❸ 형태

암컷의 몸길이는 0.44~0.5㎜ 정도로, 다리가 4쌍의 8개로 거미류에 속한다. 체색은 소나무응애, 전나무잎응애, 삼나무응애가 거의 같으며, 전동체부(前胴体部)가 등황색이고, 후동체부(後胴体部)는 적갈색이다.

❹ 생활사

일반적으로 1년에 5~10회 이상 정도이며 4월 중순부터 부화하여 피해를 준다. 늦가을 정아 부근에서 산란한 알로 월동한다.

소나무응애 피해 초기

❺ 방제법

- 약제 _ 펜피록시메이트 액상수화제(살비왕),
  페나자퀸 액상수화제(보라매, 응애단),
  테부펜피라드(피라니카),
  아조사이클로틴 수화제(페로팔),
  피리다벤 수화제(산마루)

- 시기 _ 피해 발생 시

- 방법 _ 약종에 따라 1,000~2,000배 희석액을
  7~10일 간격으로 2~3회 살포

- 유의점 _ 응애는 농약에 대한 저항성이 강하므로
  약종을 수시로 바꾸고 연용을 금지한다.
  일반 살충제는 효과가 없다.

전년도 응애 피해

소나무응애 피해를 입은 가지

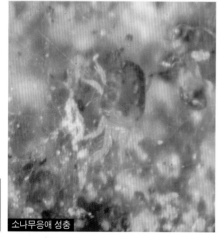
소나무응애 성충

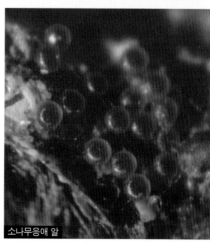
소나무응애 알

전나무잎응애

학명 _ *Oligonychus ununguis* (Jacobi)

전나무잎응애 피해를 입은 나무

❶ 피해 상황

소나무, 해송, 가문비나무, 편백 등에 기생하여 피
해를 준다.

❷ 피해 상태

응애의 흡즙으로 인하여 잎이 퇴색하고 피해가 경
과되면 갈색으로 변하며 엷은 거미줄을 잎과 가지
에 친다.

❸ 형태

소나무의 응애류 참조

❹ 생활사

1년에 7~8회 발생하고 난태로 월동하며 다음 해 4
월 중순경에 부화하여 가해한다.

❺ 방제법

소나무의 응애류 참조

소나무

소나무의 진딧물류

소나무왕진딧물 피해를 입은 가지

❶ 피해 상황

소나무에 기생하여 피해를 주는 진딧물은 다수의 종류가 있으나, 이 중 피해가 심하게 나타나는 것은 소나무왕진딧물(*Cinara pinidensiflorae*), 곰솔왕진딧물(*Cinara piniformosana*), 대만왕진딧물(*Cinara formosana*) 등이 있다.

❷ 피해 상태

진딧물의 피해를 받으면 신초의 생장이 짧아지며 잎이 조밀하게 되어 수형이 나빠진다. 낙엽이 되어도 가지에 쌓이게 되고, 진딧물의 감로(甘露)에 의하여 잎과 가지가 그을음병을 유발, 검게 변한다.

❸ 형태

대부분의 무시충은 갈색 또는 흑갈색이며 복부에 큰 반문이 있으며, 몸길이는 4.0㎜ 정도이다.

❹ 생활사

수정란으로 월동하며 단위생식에 의해 증식한다. 특히 고온건조한 시기에 번식력이 왕성하다.

❺ 방제법

- 약제 _ 포스파미돈 액제(포스팜),
  모노크로토포스 액제(아조드린),
  아세페이트 수화제(오트란, 아시트, 골게터),
  이미다클로프리드 수화제(코니도)
- 시기 _ 피해 발생 시
- 방법 _약종에 따라 1,000~2,000배 희석액을
  7~10일 간격으로 1~2회 살포
- 유의점 _ 주위의 요건으로 약제살포가 어려울 경우 침투성 살충제로 수간주사, 뿌리관주사로도 좋은 결과를 가져올 수 있다.

소나무왕진딧물

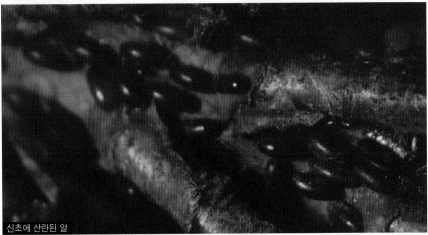

신초에 산란된 알

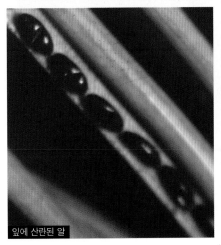

잎에 산란된 알

호리왕진딧물

31

소나무좀

학명 _ *Tomicus piniperda* (Linnaeus)

소나무좀의 피해를 입은 나무

❶ 피해 상황

우리나라 전역에 분포되어 있으며 1차 피해는 소
나무의 수간을 침입하여 단시일 내에 고사시키고,
후식 피해(2차 피해)는 소나무를 단시일 내에 고사
시키지는 않으나 산림을 파괴시키는 결과를 초래
하므로 주의가 요망된다.

❷ 피해 상태

소나무좀의 피해 증상은 2가지가 있다. 첫째는 수
간을 가해하여 나무를 고사시키는 것이며 이를 1
차 피해라고 한다. 둘째는 잘 자라는 신초를 가해,
신초가 구부러지거나 부러져 적갈색으로 변하여
나무에 붙어 있는 것이 있으며 이를 2차 피해 또는
후식 피해라고 한다. 탈출공은 1.5~2.0㎜ 이다.

❸ 형태

성충의 몸길이는 4~5㎜이며 원통형에 가까운 긴
난형으로 암갈색 또는 흑갈색의 충체에 회색 잔털
이 돋아 있다.

❹ 생활사

성충태로 지피물 근처의 수피에서 월동하고 3월
기온이 15℃ 정도로 상승하면 월동지에서 나와 수
세가 쇠약한 나무 수간을 뚫고 침입한다.

❺ 방제법

- 약제 _ 페니트로티온 유제(스미치온)와 다이아지
  논 유제(다이아톤) 혼합
- 시기 _ 3월 중순~4월 중순(최근에는 2월 말~4월
  중순으로 빨라지고 있음)
- 방법 _ 2개의 약종 200~500배 혼합 희석액을
  7~10일 간격으로 3~5회 살포

소나무좀 침입공의 배설물

피해목의 식흔

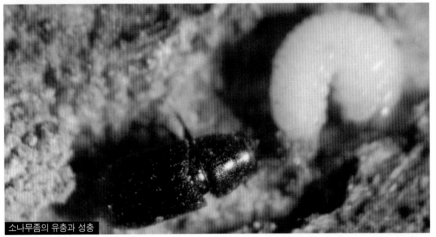

소나무좀의 유충과 성충

소나무좀 탈출공

소나무좀의 후식 피해

소나무좀의 가지 피해 상태

소나무좀의 후식 피해 침입공

소나무좀 피해로 인한 벌채지

소나무좀 후식 피해의 근원지

애소나무좀

학명 _ *Tomicus minor* (Hartig)

애소나무좀의 피해를 입은 임지(영월)

❶ 피해 상황

애소나무좀은 소나무좀과 같이 전국의 적송, 해송, 잣나무 등 소나무류의 쇠약한 나무에 피해를 준다.

❷ 피해 상태

애소나무좀은 모갱이 소나무좀의 종모갱(縱母坑, 지면과 수직)과 다르게 횡모갱(橫母坑, 지면과 수평)으로 되어 있어 모갱의 모양으로도 소나무좀과 구별된다. 탈출공은 1~1.5㎜이다.

❸ 형태

성충의 몸길이는 3.5~4㎜ 내외로 소나무좀보다 작다. 몸색깔은 갈색을 띤 흑색이다.

❹ 생활사

1년에 1회 발생하며 성충태로 월동한다. 5~6월에 번데기가 되고 7월 초순 우화하여 가해하다 월동처로 잠입한다.

❺ 방제법

소나무좀 참조

애소나무좀 피해림(부소산 낙화암)

애소나무좀 성충

애소나무좀 목질부 식흔

애소나무좀 수피 식흔

애소나무좀 탈출공

36

노랑애나무좀

학명 _ *Cryphalus fulvus* Niijima

노랑애나무좀 피해를 입은 나무

❶ 피해 상황

적송, 해송, 잣나무 등 소나무류를 가해한다.

❷ 피해상태

모갱은 지면과 수평으로 길이는 2.0~3.0㎝ 정도이며 탈출공은 0.7~0.8㎜의 크기로 매우 작다.

❸ 형태

몸길이는 1.3~1.9㎜로 타원형이며 광택이 없는 황갈색이다. 수놈은 앞머리 방향으로 작은 돌기가 돌출되어 있다.

❹ 생활사

생활사가 다소 불규칙하지만 1년에 2~4회 발생하고 성충, 유충, 번데기의 모습으로 월동한다.

❺ 방제법

• 약제 _ 페니트로티온 유제(스미치온)와 다이아지논 유제(다이아톤) 혼합

• 시기 _ 3월부터

• 방법 _ 1년에 4회 발생하고 성충의 출현 시기가 불규칙하므로 피해 발생 시 200~500배 혼합 희석액을 10~15일 간격으로 살포

수간 수피 속의 피해 상태

피해 식흔

노랑애나무좀 유충

노랑애나무좀 탈출공

노랑애나무좀 탈출공

노랑무늬솔바구미(노랑소나무점바구미)

학명 _ *Pissodes nitidus* Roelofs

노랑무늬솔바구미 성충

❶ 피해 상황

우리나라 중부지방에 많이 이식되고 있는 중형목 잣나무의 고사 원인이 되고 있다.

❷ 피해 상태

부화된 유충이 수피 밑의 형성층 변재부에 불규칙한 원형 갱도를 만들어 가해하며 노숙유충은 원형 갱도의 중앙 부분에 가해한 목질섬유를 쌓아 놓는다.

❸ 형태

몸길이는 평균 6.5~7.5㎜ 내외이고 몸에는 적갈색, 흉부 배판에 2개의 작은 흰 점이 있다.

❹ 생활사

1년에 1회 발생하고 성충으로 월동한다.

❺ 방제법

• 약제 _ 페니트로티온 유제(스미치온)와 다이아지논 유제(다이아톤) 혼합
• 시기 _ 4월 하순~5월
• 방법 _ 이식목이나 쇠약한 나무는 페니트로티온 유제(스미치온) 200~500배 희석액과 다이아지논 유제(다이아톤) 200~500배 희석액을 혼합하여 7~10일 간격으로 3~5회 살포

39

노랑무늬솔바구미 유충

노랑무늬솔바구미 식흔

흰점박이바구미(소나무흰점바구미)
학명 _ *Shirahoshizo insidiosus* (Roelofs)

❶ 피해 상황

이식목이나 쇠약목에 피해가 많다.

❷ 피해 상태

유충이 수피 밑을 식해하면 잎이 누렇게 변하고 심하면 고사한다.

❸ 형태

몸길이는 5~8㎜이고, 암갈색 초시의 중앙에 앞쪽으로 2개, 후방에 2개의 작은 흰색 점이 있으며, 앞가슴의 배면에 4개의 흰색 점이 옆으로 나 있다.

❹ 생활사

1년에 1~2회 발생하며 성충 출현 기간은 4~10월로 매우 길며 생활이 불규칙하다.

❺ 방제법

노랑무늬솔바구미(노랑소나무점바구미) 참조

흰점박이바구미 성충

흰점박이바구미 유충

왕바구미

학명 _ *Siphalinus gigas gigas* (Fabricius)

왕바구미 피해

❶ 피해 상황

쇠약목에 주로 피해가 나타난다.

❷ 피해 상태

피해를 받은 수목은 급속도로 고사하여 침엽이 갈색으로 변한다.

❸ 형태

몸길이가 12~24㎜로 대형이며, 회갈색 털이 피복하여 회갈색으로 보인다.

❹ 생활사

7~8월경에 성충이 되며 톱밥 같은 것을 외부로 노출시켜 발견하기 쉽다.

❺ 방제법

노랑무늬솔바구미(노랑소나무점바구미) 참조

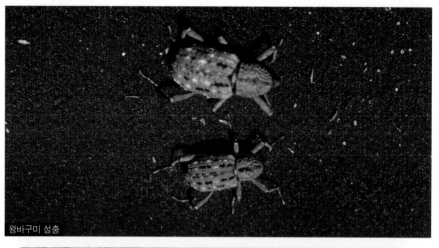
왕바구미 성충

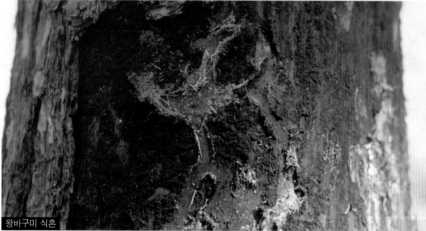
왕바구미 식흔

왕바구미 탈출공

솔수염하늘소

학명 _ *Monochamus alternatus* Hope

재선충병 피해를 입은 임지

❶ 피해 상황

소나무 재선충병의 매개충으로 소나무에 치명적인 해충이다.

❷ 피해 상태

성충은 충체 내부와 충체 외부에 재선충을 가지고 있어 가해나 산란 시 소나무에 재선충을 감염시켜 소나무류를 고사시킨다.

❸ 형태

성충의 몸길이는 20~30㎜이며 암적갈색 또는 흑갈색으로 두부와 전흉배판 배판에는 황갈색의 반분이 있다. 수컷의 촉각은 몸길이의 2~2.5배 길이 정도가 되며, 암컷은 1.5배 이하이다.

❹ 생활사

성충은 1년에 1회 발생하나 산란 시기에 따라 2년에 1회 발생하는 개체도 있다. 유충태로 수간 속에서 월동하고 4월경에 수피 가까운 곳에서 용실을 만들고 번데기가 된다. 우리나라에서 성충의 출현은 5~7월 하순이다.

❺ 방제법

고사목이나 재선충 피해 나무는 4월까지 조기에 발견하여 벌채 소각한다. 재선충을 매개하므로 재선충 피해 나무나 가지 등이 방치되지 않도록 한다. 우화 시기에 항공 약제살포(티아클로프리드 액상수화제)를 실시하여 밀도를 감소시킨다. 피해 나무 훈증(킬퍼),나무주사(그린가드,아바멕틴), 토양관주(포스티아제이트 액제), 피해 나무 파쇄 등이 있다.

소나두

45

솔수염하늘소 성충

솔수염하늘소 유충

피해 나무 운반

피해 나무 소각

피해 나무 파쇄

피해 나무 훈증

소나무순나방
학명 _ *Rhyacionia duplana* (Hübner)

❶ 피해 상황
우리나라 전지역에 분포되어 있으며 소나무의 신초를 가해하지만 그 피해가 심한 편은 아니고 지역에 따라 차이가 있다. 우리나라, 일본, 유럽 등에 분포하며 소나무와 곰솔에 피해가 있다.

❷ 피해 상태
소나무의 신초 상층부를 가해하며, 신초의 끝이 갈색으로 변하고 신초 줄기 속에 유충이 들어 있어 그 피해 발견이 쉽다.

❸ 형태
유충의 몸길이는 10㎜ 내외로 색깔은 밝은 오렌지색이고 머리는 적갈색이다.

❹ 생활사
1년에 1회 발생하며 신초 속에서 번데기로 월동, 3~4월 중순에 우화하여 동아와 구엽 부근에 산란한다. 알은 20일 경과 후 부화, 신초 속으로 들어가 가해하며 6~7월경 노숙유충이 된다.

❺ 방제법
• 약제 _ 페니트로티온 유제(스미치온)
• 시기 _ 4~5월
• 방법 _ 500배 희석액을 수회 살포

소나무순나방 유충

솔나방

학명 _ *Dendrolimus spectabilis* Butler

솔나방 피해

❶ 피해 상황

솔나방은 주로 소나무를 가해하고 곰솔, 잣나무, 리기다소나무, 낙엽송, 히말라야시다를 가해한다.

❷ 피해 상태

유충은 보통 송충이라고 하며, 유충이 솔잎을 식해하여 소나무를 고사시킨다. 특히 5령 이후에 섭식량이 많아 단시일 내에 솔잎을 모두 먹어 그 피해가 심하다.

❸ 형태

어린 유충은 담회황색이고 마디와 등면에 등홍색 또는 회백색의 불규칙한 반문이 있으며, 성충은 회색 또는 담회갈색으로 유충 제2~3절의 등에는 흑담색의 센털이 무더기로 나 있다.

❹ 생활사

1년에 1회 발생하고 유충으로 월동하지만 7월경에 고치를 만들고 7월 하순부터 8월경이 되면 우화하여 솔잎 사이에 무더기로 알을 산란한다.

❺ 방제법

- 약제 _ 주론 수화제,
  비티쿠르스타키(슈리사이드, 비티),
  트리므론 수화제,
  페니트로티온 유제(스미치온)
- 시기 _ 4월 중순~5월 중순
- 방법 _ 약종에 따라 1,000~6,000배 희석액을 살포
- 유의점 _ 10월경에 수간에 잠복소를 설치하여 4월 이전에 제거하고 유충 소각

솔나방 알 덩어리

솔나방 유충

솔나방 번데기

큰솔알락명나방

학명 _ *Dioryctria sylvestrella*

❶ 피해 상황

우리나라, 일본, 시베리아, 유럽에 분포하며 소나무류에 피해를 준다.

❷ 피해 상태

유충이 소나무류의 신초나 구과의 내부를 가해한다.

❸ 형태

앞날개의 길이는 10~15㎜이며, 담갈색이고 선명하지 않은 무늬가 있다. 유충은 25㎜ 정도이며 머리는 적갈색이고 몸은 회갈색이다.

❹ 생활사

1년에 1회 발생하며 가해 부위 내에서 유충으로 월동하며 5~6월 번데기가 된다. 성충은 6~7월에 우화한다.

❺ 방제법

• 약제 _ 페니트로티온 유제(스미치온)

• 시기 _ 산란기 및 유충기인 6~7월

• 방법 _ 1,000배 희석액을 수회 살포

• 유의점 _ 유충, 번데기를 가지와 함께 채취하여 제거

큰솔알락명나방 가해 유충

큰솔알락명나방 침입공

큰솔알락명나방 번데기

솔알락명나방

학명 _ *Dioryctria abietella*

❶ 피해 상황

우리나라, 일본, 시베리아, 유럽에 분포하며 소나무
류에 피해를 준다.

❷ 피해 상태

잣송이 가해 부위에 벌레똥을 채워놓고 외부로도
똥을 배출하는 등 잣송이를 가해하여 잣 수확을 감
소시킨다.

❸ 형태

성충은 앞날개 길이가 11~13㎜이고, 황갈색에서
적갈색의 띠가 있다. 유충은 22㎜ 정도이고 머리는
차갈색이며 몸은 황갈색이다.

❹ 생활사

1년에 1회 발생하며 흙 속에서 노숙유충으로 월동
하는 것과 알이나 어린 유충으로 구과에서 월동하
는 것이 있다.

❺ 방제법

• 약제 _ 페니트로티온 유제(스미치온)

• 시기 _ 우화기 · 산란기인 6월

• 방법 _ 1,000배 희석액을 2회 수관에 살포

애기솔알락명나방

학명 _ *Dioryctria pryeri* Ragonot

애기솔알락명나방 가해 유충

❶ 피해 상황

우리나라, 일본, 중국, 대만에 분포하며 소나무류를
가해한다.

❷ 피해 상태

유충이 신초나 구과 속을 식해한다.

❸ 형태

성충의 앞날개는 길이가 12~15㎜이며 갈색이다.
유충의 몸길이는 17㎜ 정도이고 머리는 적갈색으
로 무늬가 있으며 몸은 흑색이다.

❹ 생활사

피해는 보통 6~7월에 나타나며 노숙유충은 6월 하
순~7월 초순에 나타나지만 자세한 생활사는 알려
지지 않았다.

❺ 방제법

피해 신초는 제거하고, 약제방제는 솔알락명나방
에 준한다.

솔애기잎말이나방
학명 _ *Petrova cristata* Walsingham

솔애기잎말이나방 가해 유충

❶ 피해 상황
우리나라, 일본, 중국에 분포하며 소나무, 잣나무에 피해를 준다.

❷ 피해 상태
유충이 신초 속을 식해하여 고사시키거나 구과 속을 식해하여 결실을 저해한다.

❸ 형태
유충은 12㎜ 정도로 머리는 담차갈색, 몸은 담황갈색이며 등은 적색을 띤다.

❹ 생활사
1년에 2~3회 발생하며 가해 가지 내부에서 월동하며 4~9월에 우화한다.

❺ 방제법
• 약제 _ 페니트로티온 유제(스미치온)
• 시기 _ 성충 발생 시기
• 방법 _ 1,000배 희석액을 살포, 피해 가지 제거

솔박각시나방 가해유충

솔박각시나방

학명 _ *Hyloicus moris* Rothschild et Jordan

❶ 피해 상황

우리나라, 일본, 중국, 유럽, 스칸디나비아에 분포
하며 소나무류에 피해를 준다.

❷ 피해 상태

유충이 침엽을 식해한다. 유충이 군서하며 가해하
지 않기 때문에 수목이 고사하거나 생장에 큰 지장
을 주지는 않는다.

❸ 형태

성충의 날개를 편 길이는 60~80㎜이며 앞날개는
암회색이며 짙은 갈색의 짧은 줄이 여러 개 있다.
유충의 몸길이는 약 65㎜이고 몸은 전체적으로 녹
색을 띠며 등과 옆면에는 흰색과 갈색의 뚜렷한 줄
이 있다.

❹ 생활사

1년에 2회 발생하며 번데기로 월동하고 성충은
5~6월, 7~8월에 나타난다. 유충의 가해 시기는
6~7월, 8~9월경이다.

❺ 방제법

• 약제 _ 페니트로티온 유제(스미치온),
　　　　트리클로르폰 수화제(디프)
• 시기 _ 피해 발생 시
• 방법 _ 약종에 따라 800~1,000배 희석액을 살포

삼나무독나방

학명 _ *Calliteara argentata* Butler

❶ 피해 상황
삼나무, 리기다소나무, 편백, 히말라야시다, 소나무 등에 발생하며 1961년 수원지방 리기다소나무림에 대발생하여 큰 피해를 주었다.

❷ 피해 상태
유충이 잎을 식해하며 대발생하면 어린나무에 피해가 심하다.

❸ 형태
성충의 몸길이는 25㎜, 날개를 편 길이는 42~65㎜ 이며 회색이다. 노숙유충의 몸길이는 40~45㎜이고 황록색을 띠며 옆에는 흰 선이 있다.

❹ 생활사
1년에 1~2회 발생하며 유충으로 월동하고 4~5월에 나와 잎을 식해한 다음 잎 사이에 엷은 황갈색의 엉성한 고치를 만들고 번데기가 된다. 1화기 성충은 5~6월에 우화하고, 8~9월에는 2화기 성충이 발생한다.

❺ 방제법
- 약제 _ 트리클로르폰 수화제(디프),
  페니트로티온 유제(스미치온)
- 시기 _ 유충 발생 시기
- 방법 _ 약종에 따라 800~1,000배 희석액을 살포

솔거품벌레
학명 _ *Aphrophora flavipes* Uhler

❶ 피해 상황

우리나라, 일본, 중국에 분포하며 소나무류에 피해를 준다.

❷ 피해 상태

5~6월경 신초에 기생하여 흡즙하며 항상 몸에 거품 모양의 물질을 분비한다. 실질적인 피해는 적지만 거품 덩어리로 인해 미관을 저해한다.

❸ 형태

성충의 몸길이는 8~10㎜로 약간 평평하며 몸색깔은 전체적으로 암갈색이지만 등쪽은 갈색으로 불규칙한 암갈색의 반문이 있다.

❹ 생활사

1년에 1회 발생하며 나무의 조직 내에서 알로 월동한다.

❺ 방제법

• 약제 _ 페니트로티온 유제(스미치온),
　　　　펜토에이트 유제(파프)
• 시기 _ 거품 발견 시
• 방법 _ 약종에 따라 500~1,000배 희석액을 살포

솔거품벌레 피해(원경)

누런솔잎벌

학명 _ *Neodiprion sertifer* Geoffroy

누런솔잎벌 유충

❶ 피해 상황

우리나라, 일본, 유럽, 북미에 분포한다.

❷ 피해 상태

묵은 잎을 식해하므로 나무가 고사하는 일은 적으나 피해가 지속되면 쇠약해지며 고사되기도 한다.

❸ 형태

어린 유충기에는 엷은 황록색이지만 성숙하면서 머리와 다리의 바깥쪽은 광택을 띤 흑색으로 등쪽은 광택이 없는 흑색으로 변한다.

❹ 생활사

1년에 1회 발생하며 알로 월동한다. 수컷은 4회, 암컷은 5회 탈피하며 노숙유충은 5월 하순부터 지피물 또는 흙 속에서 고치를 짓는다. 9월 하순부터 번데기가 되며 10월 중순에서 11월 초순에 성충이 된다.

❺ 방제법

- 약제 _ 페니트로티온 유제(스미치온), 트리클로르폰 수화제(디프)
- 시기 _ 유충기
- 방법 _ 약종에 따라 1,000배 희석액을 수관에 살포

솔잎벌

학명 _ *Nesodiprion japonicus*

❶ 피해 상황

소나무, 스트로브잣나무, 일본잎갈나무 등에서 발생하며 우리나라, 일본, 대만, 북아메리카에 분포한다.

❷ 피해 상태

소나무 유령림에 많이 발생하여 잎을 식해하며 밀도가 높으면 수목을 고사시킨다.

❸ 형태

광택이 있는 녹색으로 양끝 쪽은 다소 황색을 띠며 노숙유충의 머리는 원형의 황갈색이다. 머리에 검은 반점이 있다.

❹ 생활사

1년에 2~3회 발생한다. 성충은 4월 하순~5월, 9~10월에 나타나며, 유충은 5~8월, 9~11월에 발생해 3~4회 탈피를 거쳐 노숙유충이 된다.

❺ 방제법

• 약제 _ 페니트로티온 유제(스미치온), 트리클로르폰 수화제(디프)
• 시기 _ 유충기
• 방법 _ 약종에 따라 1,000배 희석액을 수관에 살포

소나무

62

주목의 응애류

학명_ Mite

주목응애 피해를 입은 나무

❶ 피해 상황
우리나라 전역에 피해가 나타나고 있으며 지역에 따라 피해가 심하며 어떤 종류의 응애인지 분류되어 있지 않다.

❷ 피해 상태
피해를 입은 잎은 초기에 회백색으로 퇴색되고 피해가 진전됨에 따라 갈색으로 변하며 낙엽된다. 잎 뒷면을 보면 알껍데기가 마치 흰 가루가 묻어 있는 것 같은 현상이 나타나고 적색의 미세한 응애가 이동하는 것이 관찰된다.

❸ 형태
몸의 크기는 0.4~0.5㎜로 적색을 띠고 있다.

❹ 생활사
정확한 생태는 밝혀지지 않았으나 난태로 월동하고 4월경 부화하여 수액을 빨아 먹어 잎이 퇴색된다.

❺ 방제법
• 약제 _ 펜피록시메이트 액상수화제(살비왕),
　　　 페나자퀸 액상수화제(보라매, 응애단),
　　　 테부펜피라드 수화제(피라니카),
　　　 아조사이클로틴 수화제(페로팔),
　　　 피리다벤 수화제(산마루)
• 시기 _ 피해 발생 시
• 방법 _ 약종에 따라 500~2,000배 희석액을 7~10일
　　　 간격으로 2~3회 살포
• 유의점 _ 응애는 약제에 대한 저항성이 강하므로
　　　　 약종을 수시로 바꾸고 연용은 금지함

주목

주목응애에 의한 낙엽

주목응애 피해를 입은 잎

주목 잎 뒷면의 응애 알껍데기

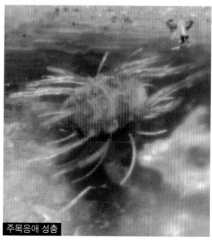

주목응애 성충

주목

64

식나무깍지벌레

학명 _ *Pseudaulacaspis cockerelli* (Cooley)

❶ 피해 상황

우리나라의 주목에 많은 피해가 발생하며, 후박나무, 목련, 으름덩굴, 꽝꽝나무, 팔손이, 층층나무, 식나무, 물푸레나무 등 활엽수에도 많은 피해를 주고 있다.

❷ 피해 상태

줄기, 가지, 잎의 뒷면에서 기생하면서 수액을 흡수하여 피해를 준다. 피해가 심할 때는 많은 개체가 집단적으로 나타나 육안으로 쉽게 관찰이 가능하다.

❸ 형태

암컷의 깍지는 흰색으로 2.0~2.5㎜이며, 각 점은 갈색으로 두부 부분에 나와 있고 뒷부분이 넓어서 부채꼴이며, 개체의 변이가 많다. 수컷은 세사형으로 2~3㎜ 정도이다.

❹ 생활사

1년에 2회 발생하며 성충태로 월동하고 5월경 부화약충이 발생한다. 자세한 생태는 규명되지 않았다.

❺ 방제법

- 약제 _ 페니트로티온 유제(스미치온), 메티다티온 유제(수프라사이드)
- 시기 _ 5~6월
- 방법 _ 약종에 따라 1,000배 희석액을 7~10일 간격으로 2~3회 살포

주목류

65

식나무깍지벌레(♂)

잣나무넓적잎벌

학명 _ *Acantholyda posticalis posticalis* Matsumura

잣나무넓적잎벌 피해를 입은 가지

❶ 피해 상황

주로 중경목(20년생)의 과밀식된 잣나무에 많이 발
생되는 특징이 있다.

❷ 피해 상태

담황갈색의 20~30㎜ 크기 유충이 7~8월경 잣나무
의 잎에 나타나 잣나무 잎을 철하고 잎을 가해한다.

❸ 형태

성충의 몸길이는 13~15㎜ 정도로 흑색이며, 머리
와 가슴에는 황색 무늬가 있고 유충은 평균 24㎜
정도 크기의 담황갈색이다.

❹ 생활사

노숙유충태로 월동한다. 월동한 유충은 6월 하순
~7월 중순경 번데기가 되며 성충은 6월 하순~7월
하순에 우화한다.

❺ 방제법

• 약제 _ 카바릴 수화제(세빈, 나크),
트리클로르폰 수화제(디프)

• 시기 _ 7월 중순

• 방법 _ 약종에 따라 1,000배 희석액을 7~10일 간격
으로 2회 살포

여덟가시큰나무좀(가칭)

학명 _ *Ips typographus japonicus* Niizima

여덟가시큰나무좀 피해목

❶ 피해 상황

잣나무, 스트로브잣나무, 가문비나무, 유럽적송 등을 가해하며 우리나라, 일본 북해도, 유럽, 시베리아에 분포한다.

❷ 피해 상태

수간의 수피 안에 수직 갱도를 만들고 산란하며 부화유충은 수평 방향으로 가해한다. 피해 상태가 소나무좀과 비슷하다. 모갱의 크기는 10㎝ 내외이다.

❸ 형태

우화시에는 황갈색, 성숙하면 흑색이 된다. 몸길이는 4.7~5.2㎜, 체폭은 2㎜ 정도이며 성충의 머리에 유상돌기가 있다. 복부 끝부분에 치상돌기가 8개 있다.

❹ 생태

성충태로 월동하고 산란은 5월 중순~6월 초순에 한다. 성충은 7월 말~8월에 출현한다.

❺ 방제법

• 약제 _ 페니트로티온 유제(스미치온)와 다이아지논 유제(다이아톤) 혼합
• 시기 _ 5월 초순~6월 초순
• 방법 _ 2개의 약제 200~500배 혼합 희석액을 7~10일 간격으로 3~5회 충분히 살포

여덟가시큰나무좀 성충

여덟가시큰나무좀 촉각

여덟가시큰나무좀 모갱

잣나무의 응애류

학명 _ Mite

잣나무응애 피해(심)

❶ 피해 상황

소나무의 응애류 참조

❷ 피해 상태

소나무의 응애류 참조

❸ 형태

소나무의 응애류 참조

❹ 생활사

소나무의 응애류 참조

❺ 방제법

소나무의 응애류 참조

잣나무

잣나무응애 피해(경)

잣나무가루깍지벌레

학명 _ *Crisicoccus pini* (Kuwana)

잣나무가루깍지벌레 피해를 입은 가지

❶ 피해 상황

기존 잣나무림에는 큰 피해가 없으나 조경수로 식재한 잣나무나 오엽송에 피해 발생률이 높다. 잣나무에 피해를 주는 가루깍지벌레는 소나무의 가루깍지벌레와 동일종으로 동정된다.

❷ 피해 상태

소나무가루깍지벌레 참조

❸ 형태

소나무가루깍지벌레 참조

❹ 생활사

소나무가루깍지벌레 참조

❺ 방제법

소나무가루깍지벌레 참조

잣나무가루깍지벌레와 제초제 피해

오엽송가루깍지벌레

학명 _ *Crisicoccus pini* (Kuwana)

오엽송가루깍지벌레 피해를 입은 나무

❶ 피해 상황
전국적으로 정원수, 공원수의 조경수목에 많이 발생한다.

❷ 피해 상태
새로 자라는 신초와 가지에 솜 같은 분비물이 묻어 있으며 그을음을 유발하고 잎이 갈색으로 변하면서 가지가 고사한다.

❸ 형태
소나무가루깍지벌레 참조

❹ 생활사
소나무가루깍지벌레 참조

❺ 방제법
소나무가루깍지벌레 참조

오엽송가루깍지벌레 피해를 입은 가지

오엽송가루깍지벌레 피해를 입은 신초

향나무하늘소

학명 _ *Semanotus bifasciatus* (Motschulsky

눈향나무에 향나무하늘소 피해

❶ 피해 상황

향나무하늘소는 우리나라의 향나무류, 측백나무, 편백나무, 화백나무 등을 가해하는 해충으로 전국적으로 분포되어 있다.

❷ 피해 상태

향나무하늘소는 톱밥 같은 가해 배설물을 외부로 배출하지 않고 갱도에 쌓아놓고 외부에 구멍도 없어 피해 발견이 어렵다. 식흔이 수간이나 가지를 환상으로 가해할 경우, 수분과 영양분의 상승과 이동이 차단되어 피해 상층부는 고사하게 된다.

❸ 형태

성충은 초시(윗날개)가 흑색이며 흑색 바탕에 2줄의 넓고 흰 띠가 옆으로 나 있다. 몸길이는 약 15㎜로 더듬이(안테나)가 몸길이의 1/2 정도이다.

❹ 생활사

1년에 1회 발생하고 성충태로 월동한다.

❺ 방제법

• 약제 _ 페니트로티온 유제(스미치온)와 다이아지논 유제(다이아톤) 혼합
• 시기 _ 3월 중순~4월 중순
• 방법 _ 페니트로티온 유제와 다이아지논 유제를 혼합하여 200~500배 희석액을 7~10일 간격으로 3~5회 살포

향나무

향나무하늘소 피해 나무

향나무하늘소 피해 갱도

향나무하늘소 성충

피해 갱도에 모아놓은 톱밥

향나무하늘소의 성충 탈출공

향나무

향나무잎응애

학명 _ *Oligonychus perditus* Pritchard et Baker

향나무잎응애 피해 상태

❶ 피해 상황

우리나라 전역에 발생되고 있다. 향나무잎응애는 소나무응애와 외형적으로는 동일하지만, 다리에 털이 난 위치나 털 모양과 그 수에 따라 분류된다. 향나무잎응애(*Oligonychus perditus*), 소나무응애 (*Oligonychus clavatus*), 전 나 무 잎 응 애 (*Oligonychus unungius*) 등의 3가지 응애는 소나무류, 향나무류 등 침엽수에 기생하는 것으로 추정된다.

❷ 피해 상태

잎이 녹색을 잃으며 회녹색으로 변하면서 마치 먼지가 묻은 것 같은 모양을 띤다.

❸ 형태

소나무응애, 전나무잎응애, 향나무잎응애는 크기와 모양이 유사하다.

❹ 생활사

난태로 월동한다.

❺ 방제법

● 약제 _ 소나무의 응애류 참조
● 시기 _ 피해 발생 시
● 방법 _ 약종에 따라 1,000배 희석액을 7~10일 간격으로 2~3회 살포
● 유의점 _ 수세 회복을 위한 약제살포 시 엽면 시비 병행

건전목과 피해목의 비교

피해 잎과 건전 잎의 비교

80

향나무뿔나방

학명 _ *Stenolechia bathrodyas Meyrick*

향나무뿔나방 피해 나무

❶ 피해 상황

우리나라의 향나무뿔나방에 대한 발생 분포는 정확히 보고된 바 없다.

❷ 피해 상태

잎의 선단부가 갑자기 고사되는 현상이 일어나며 피해 잎은 적갈색에서 회갈색으로 변하다 점차 회색이 된다. 피해 잎에 아주 작은 구멍이 있다.

❸ 형태

노숙유충은 5~6㎜, 성충의 크기는 7㎜ 정도로 나방류로서는 미소한 개체이며, 모기나 하루살이처럼 날아다닌다.

❹ 생활사

생활사는 불규칙하나 1년에 3회 발생하는 것으로 추정되며, 1회는 5월, 2회는 7월, 3회는 9월로 추정된다. 또한 유충태로 잎 속의 조직 내에서 월동하는데, 피해는 6~7월에 많이 나타나고 피해 확산도 이 시기가 가장 심하다.

❺ 방제법

- 약제 _ 페니트로티온 유제(스미치온), 키탑하이드로클로라이드 수화제(파단, 칼탑), 다이아지논 유제(다이아톤)
- 시기 _ 피해 발생 시 잎에 살포
- 방법 _ 약종에 따라 1,000배 희석액을 7~10일 간격으로 2~3회 살포

향나무 잎에 나타난 배설물

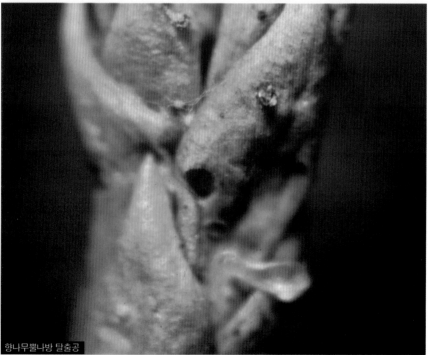
향나무뿔나방 탈출공

향나무독나방
학명 _ *Parocneria furva* (Leech)

향나무독나방 피해를 입은 나무 내부

❶ 피해 상황
전국적으로 분포되어 있으며 대규모 발생이 주기적으로 나타나는 것으로 추정된다.

❷ 피해 상태
유충이 줄기 선단부의 잎과 신초의 잎을 가해하고 때로는 줄기를 가해, 고사시킨다. 피해는 5월경과 7~8월경 2회인데 5월에는 그 피해가 유독 심하게 나타난다.

❸ 형태
유충의 몸길이는 20~30㎜이며 두부는 황갈색이고, 몸은 녹갈색이 있는 황갈색으로 배면에 암갈색의 가느다란 선 2개가 물결 모양(세로)으로 나 있다.

❹ 생활사
1화기 발생 유충은 6월경 번데기가 되고 2화기는 7월에 부화되어 잎과 가지를 가해한다.

❺ 방제법
• 약제 _ 트리클로르폰 수화제(디프), 다이아지논 유제(다이아톤)
• 시기 _ 4월 하순~5월 초순(1화기), 6월 하순~7월 중순(2화기)
• 방법 _ 약종에 따라 1,000배 희석액을 잎과 가지에 충분히 묻도록 살포

향나무독나방 피해 나무

향나무독나방 피해 중기

향나무독나방 피해 말기

향나무

향나무혹파리

학명 _ *Aschistonyx eppoi* Inouye

피해를 입은 신초

❶ 피해 상황

우리나라, 일본 등에 발생하며 향나무류를 가해한다.

❷ 피해 상태

유충이 향나무의 가는 가지 끝에 기생하여 충영을 형성한다. 유충이 탈출 후에 충영은 고사하여 떨어지며 가지의 성장이 중지된다. 피해가 2~3년 지속되면 가는 가지까지 고사한다.

❸ 형태

성충의 몸길이는 1.7㎜ 정도로 모기와 유사하며 배는 황적색이다.

❹ 생활사

1년에 1회 발생하며 5월 중순~6월 초순에 우화하고 가지 끝 부분 잎 사이에 산란한다. 충영을 형성하여 그 속에서 유충태로 월동한다.

❺ 방제법

유충 낙하기에 다수진 입제나 분제를 살포하고 성충 발생기에는 페니트로티온 유제(스미치온)를 살포한다.

향나무

피해를 입은 신초

유충

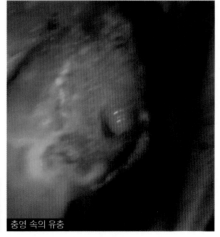

충영 속의 유충

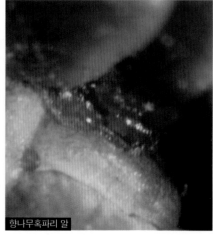

향나무혹파리 알

향나무

향나무좀

학명 _ *Phloeosinus perlatus* Chapuis

❶ 피해 상황

우리나라, 대만, 일본 등지에 분포되어 있으며 향나무, 연필향나무, 주목, 측백나무, 편백, 화백, 나한백을 가해한다.

❷ 피해 상태

인피부를 가해하여 향나무를 고사시키며 종모갱이 있고, 모갱의 양쪽에 일정 간격으로 유충공이 있다.

❸ 형태

성충의 몸길이는 2.0~3.0㎜이며, 장타원형의 흑갈색으로 앞날개는 다소 적색을 띤다. 암컷은 머리 부분의 중앙선이 약간 융기되어 있으며, 수컷은 오목하게 함몰되어 있다.

❹ 생활사

1년에 2회 발생하며 유충과 번데기로 월동하고, 4~5월경 성충이 출현하며 7월경 성충이 용실에서 수피를 가해, 원형의 탈출공을 생성하며 탈출한다.

❺ 방제법

- 약제 _ 페니트로티온 유제(스미치온)와 다이아지논 유제(다이아톤) 혼합
- 시기 _ 4~5월, 7월
- 방법 _ 200~500배 혼합 희석액을 7~10일 간격으로 3~5회 살포
- 유의점 _ 나무를 건강하게 키운다.

차주머니나방
학명 _ *Eumeta minuscula* Butler

차주머니나방 유충 주머니

❶ 피해 상황

벗나무, 참나무류, 느릅나무류, 버즘나무, 은행나무
등에 발생한다.

❷ 피해 상태

주머니나방과 함께 최근 발생 빈도가 높으며 가로
수, 정원수 등에 밀도가 높다.

❸ 형태

노숙유충의 몸길이는 17~25㎜로 황백색이며 머리
에는 흑갈색의 무늬가 있다.

❹ 생활사

1년에 1회 발생하며 주머니 안에서 유충으로 월동
하며 3~4월부터 6월까지 잎을 식해한다. 7령충 후
주머니 속에서 번데기가 된다. 5월 하순~8월에 우
화한다.

❺ 방제법

• 약제 _ 피레스 유제(피레스),
칼탑 수용제(파단, 칼탑)
• 시기 _ 피해 발생기인 4~6월
• 방법 _ 약종에 따라 1,000배 희석액을 수관에 충
분히 살포

차주머니나방 유충

은행나무의 어스렝이나방

학명 _ *Dictyploca japonica* (Moore)

어스렝이나방 유충

❶ 피해 상황
일본, 시베리아 등지, 그리고 우리나라 전 지역에 분포하며, 피해 수종에는 밤나무가 많고 호두나무, 버즘나무, 은행나무, 상수리나무, 벚나무에도 피해가 발생한다.

❷ 피해 상태
대형 유충으로 섭식량이 많아 나무 한 그루의 잎을 모두 가해, 잎이 전혀 없는 경우도 많다. 암컷 한 마리가 평균 3,500㎠, 수컷이 평균 2,500㎠의 잎을 식해한다.

❸ 형태
성충의 몸길이는 45㎜ 이고 날개를 편 길이가 103~135㎜ 정도 되는 대형 나방이다.

❹ 생활사
1년에 1회 발생하고 난괴로 월동한다. 알은 4월 하순~5월 초순에 부화하여 잎을 가해하고, 6월 하순~7월 초순에 노숙유충이 되어 고치를 만들고 그 속에서 번데기가 된다. 9월 하순~10월 중순이 되면 우화한다.

❺ 방제법
• 약제 _ 트리클로르폰 수화제(디프), 페니트로티온 유제(스미치온)
• 시기 _ 5월
• 방법 _ 약종에 따라 1,000배 희석액을 살포

어스렝이나방 번데기

어스렝이나방 알

검정주머니나방

학명_ *Mahasena aurea* (Butler)

검정주머니나방의 피해 나무

❶ 피해 상황

잡식성으로 은행나무, 벚나무, 느티나무 등 활엽수를 가해하는 해충이다.

❷ 피해 상태

유충은 잎을 가해하며, 그 초기에는 잎 윗면의 표피와 엽맥을 남기고 잎 뒷면의 엽육을 가해, 마치 불규칙한 지도를 만드는 듯이 보인다.

❸ 형태

주머니는 잎, 나무, 조각 줄기의 수피 조각으로 구성되어 있으며 노숙유충의 경우 40㎜ 정도이다. 유충은 두부와 흉부가 흑갈색이며 다리가 퇴화되어 있다.

❹ 생활사

1년에 1회 발생하며 주머니 속에서 유충태로 월동한다. 월동 유충은 4월 하순~5월 초순경 가지로 이동하여 가해하기 시작하여 6월 중순~7월 초순에 번데기가 되고 3령충으로 월동한다.

❺ 방제법

차주머니나방 참조

은행나무

92

검정주머니나방의 유충 주머니

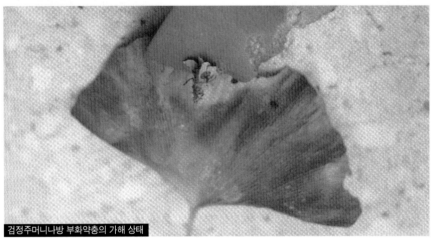

검정주머니나방 부화약충의 가해 상태

검정주머니나방 어린 유충의 월동 상태

이세리아깍지벌레

학명 _ *Icerya purchasi* Maskell

이세리아깍지벌레 성충

❶ 피해 상황

세계적으로 분포된 해충으로 잡식성인 깍지벌레이
며 원산지는 오스트레일리아이다.

❷ 피해 상태

가지와 신초, 잎의 주맥과 지맥을 따라 성충과 약충
이 기생하여 가지를 고사시키며 피해가 심할 때에
는 그을음병을 유발한다.

❸ 형태

성충의 암컷은 타원형으로 크기는 4~6㎜이고 흉
부 배면이 융기되어 있고 몸 전체가 암등적색이고
몸에는 털 같은 밀랍이 있다.

❹ 생활사

1년에 2회 발생하며 성충 또는 약충태로 월동한다.
1회 산란은 5~6월경, 2회 산란은 7~8월경이나 발
생이 불규칙하여 시기에 상관없이 각 충태가 관찰
된다. 다른 깍지벌레와 달리 평생 기어 다니는 게 특
징이다.

❺ 방제법

• 약제 _ 메티다티온 유제(수프라사이드),
　　　　디메토에이트 유제(로고, 록숀)
• 시기 _ 5~6월(1회 발생 시), 8월(2회 발생 시)
• 방법 _ 약종에 따라 1,000배 희석액을 7~10일 간
　　　　격으로 2~3회 살포

가문비의 응애류
학명 _ Mite

가문비의 응애 피해 나무

❶ 피해 상황

도심지의 독일가문비 등 가문비나무에 많은 응애 피해가 발생, 수세 쇠약과 고사목이 많이 나타나고 있다.

❷ 피해 상태

초기에 작은 반점상으로 잎이 퇴색되기 시작하여 피해가 증가함에 따라 잎 전체가 백색으로 퇴색되었다가 갈색으로 변한다.

❸ 형태

소나무의 응애류 참조

❹ 생태

소나무의 응애류 참조

❺ 방제법

소나무의 응애류 참조

가문비

가문비응애 피해 초기

가문비응애 피해 중기

가문비응애 피해 말기

벗나무깍지벌레

학명 _ *Pseudaulacaspis prunicola*(Maskell)

벗나무깍지벌레 피해 나무

❶ 피해 상황

전국적으로 분포되어 있으며 벗나무에 가장 무서운 흡수성 해충의 하나로 줄기나 가지를 고사시키며 수형을 파괴한다.

❷ 피해 상태

줄기나 가지를 자세히 관찰하면 흰 깍지가 부착된 것을 볼 수 있다. 이들 깍지 속에는 약충이 있어 수액을 흡수, 수세가 쇠약해지고 피해가 심할 때에는 줄기나 가지가 고사하게 된다.

❸ 형태

암컷의 개각은 원형으로 크기는 2~2.5㎜이고 회백색이며 약간의 황색을 띤다. 수컷은 개각의 길이가 1㎜ 내외로 흰색이며 가늘고 길다.

❹ 생활사

1년에 2~3회 발생하며 교미 후 성충태로 가지나 수간에서 월동한다. 중부지방은 5월 초·중순부터 산란하고 부화약충은 5월 하순~6월 중순 사이에 부화하며, 2회는 7월 중·하순부터 산란하고 8월 중순부터 부화한다.

❺ 방제법

- 약제 _ 메티다티온 유제(수프라사이드), 페니트로티온 유제(스미치온)
- 시기 _ 5월 중순~6월 하순
- 방법 _ 약종에 따라 1,000배 희석액을 7~10일 간격으로 3회 살포

벚나무깍지벌레 성충(♀)

벚나무깍지벌레 성충(♂)

98

복숭아유리나방
학명 _ *Synanthedon hector* (Butler)

복숭아유리나방 피해를 입은 나무

❶ 피해 상황
벚나무의 수간을 가해하는 천공성 해충으로 복숭아나무, 매실나무, 살구나무, 자두나무, 사과나무, 배나무 등에 피해를 준다.

❷ 피해 상태
흔히 벚나무의 수간에 수지가 나와 있거나 수지와 톱밥이 섞여 수간에 지저분하게 부착된 것이 관찰된다. 표피 밑의 인피부를 가해하고 목질부는 가해하지 않는다.

❸ 형태
성충(나방)은 벌처럼 생겼으며 날개가 벌과 같이 투명하기 때문에 유리 같다고 하여 유리나방이라는 이름이 붙여졌다.

❹ 생활사
1년에 1회 발생하고 어린 유충태로 수피 속에서 월동한다.

❺ 방제법
• 약제 _ 페니트로티온 유제(스미치온)와 다이아지논 유제(다이아톤) 혼합
• 시기 _ 4~5월(철사로 유충 제거), 8월 중순~9월 중순(약제살포)
• 방법 _ 수간에서 수지와 톱밥이 나오는 곳을 찾아 수지를 떼어내고 그 속에 있는 유충을 철사로 제거하고 500배 혼합 희석액을 5~7일 간격으로 수간에 3회 살포

벚나무

99

산란 방지를 위한 도포제 처리

복숭아유리나방 성충

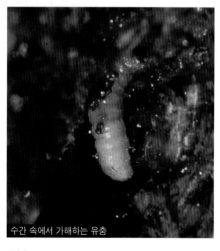

수간 속에서 가해하는 유충

성충이 탈출한 번데기 껍질

100

벚나무응애

학명 _ *Tetranychus viennensis* Zacher

❶ 피해 상황

복숭아나무, 매실나무, 자두나무, 사과나무, 배나무, 살구나무에 기생하고, 우리나라 전역에 분포되어 있으며 벚나무, 사과나무에 큰 피해를 준다.

❷ 피해 상태

일반적으로 활엽수에 기생하는 응애는 잎 뒷면에서 즙액을 흡수하여 피해를 주나 벚나무응애는 잎 앞면에서도 기생하여 피해를 준다. 그러나 대다수의 피해는 잎 뒷면에 군서하면서 수액을 흡수하며 나타난다.

❸ 형태

먼지 같은 미세한 해충으로 거미류의 일종이다.

❹ 생활사

벚나무응애는 교미한 성충태로 거친 나무껍질 틈 사이에서 집단적으로 월동한다. 월동한 성충은 4월 중·하순경 새로운 잎으로 이동, 잎 뒷면에서 수액을 흡수하며, 5월 하순경 잎 뒷면에 산란한다.

❺ 방제법

- 약제 _ 펜피록시메이트 액상수화제(살비왕),
  페나자퀸 액상수화제(보라매, 응애단),
  테부펜피라드 수화제(피라니카),
  아조사이클로틴 수화제(페로팔),
  피리다벤 수화제(산마루)
- 시기 _ 4월 하순~5월 중순
- 방법 _ 약제에 따라 배액 조절
- 유의점 _ 벚나무는 약해가 심하므로 살비제 사용 시 부분적으로 시험하여 약해 유무를 조사 후 살포

벚나무응애가 심한 벚나무 잎

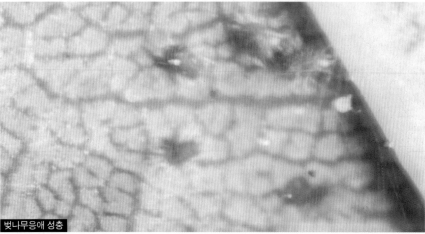
벚나무응애 성충

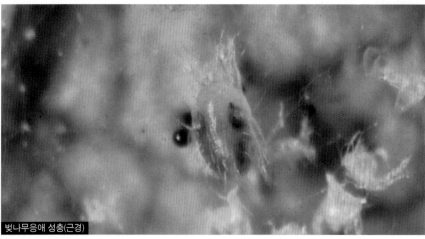
벚나무응애 성충(근경)

공깍지벌레
학명 _ *Lecanium kunoensis* Kuwana

 공깍지벌레 성충

❶ 피해 상황
기주 범위가 넓어 벚나무, 살구나무, 매실나무, 왕벚나무, 홍가시나무, 사과나무, 배나무, 아그배나무, 사철나무 등 많은 나무에 피해를 주는 흡수성 해충이다.

❷ 피해 상태
가지나 줄기에 부착하여 기생, 쉽게 육안으로 관찰된다. 일반적으로 번식이 강하고 갈색의 원형 깍지가 여러 개 군집하여 발생한다.

❸ 형태
암컷의 깍지는 구형으로 갈색 또는 농갈색의 광택이 있으며 수컷의 성충은 날개가 있다.

❹ 생활사
1년에 1회 발생하며 약충태로 가지에서 월동한다. 5월 중순~하순이 되면 성충이 되며 둥근 깍지를 만든다.

❺ 방제법
• 약제 _ 메티다티온 유제(수프라사이드)
• 시기 _ 5월 하순~6월 중순
• 방법 _ 1,000배 희석액을 7~10일 간격으로 2~3회 살포

줄솜깍지벌레

학명 _ *Takahashia japonica* (Cockerell)

줄솜깍지벌레 산란

❶ 피해 상황

벚나무, 기타 핵과류, 버드나무, 목련, 단풍나무, 감나무, 복자기, 느티나무, 팽나무, 철쭉, 귤나무 등 다양한 수종에 기생하며 피해를 준다.

❷ 피해 상태

가지나 잎에서 기생하며 수액을 흡수하는 흡수성 해충이다. 피해가 심하면 조기 낙엽되거나 가지의 수세가 쇠약해지고 심하면 가지가 고사한다.

❸ 형태

암컷의 깍지 길이는 3.0~7.0㎜의 타원형이고 배면이 볼록하며 담황색으로 미세한 암갈색의 반점이 산재한다. 중앙에 등색 또는 등적색의 세로 선이 있다. 몸에는 약간의 흰 가루를 쓰고 있다.

❹ 생활사

1년에 1회 발생하며 3령의 약충으로 월동한다. 성충은 4~5월경에 나타나고 산란은 5월 중순부터 시작된다.

❺ 방제법

• 약제 _ 메티다티온 유제(수프라사이드)
• 시기 _ 6월 중 · 하순
• 방법 _ 1,000배 희석액을 7~10일 간격으로 2~3회 살포

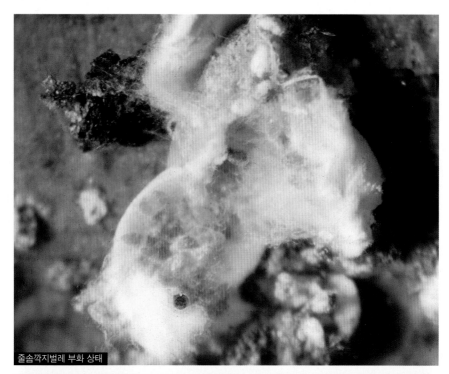

줄솜깍지벌레 부화 상태

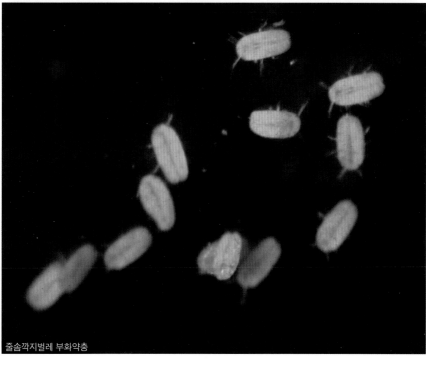

줄솜깍지벌레 부화약충

샌호제깍지벌레

학명 _ *Comstockaspis perniciosa* (Comstock)

샌호제깍지벌레 피해

❶ 피해 상황

벚나무, 왕벚나무, 매실나무, 장미, 해당화, 사과나무, 모과나무, 명자나무, 탱자나무, 귤나무, 네군도단풍나무 등 가해 수종이 많은 흡수성 해충이며 세계적으로 분포하고 조경수종에 피해가 많다.

❷ 피해 상태

수목의 가지와 줄기, 잎에서 수액을 흡수하여, 수세를 쇠약하게 하고 심하면 가지가 고사한다.

❸ 형태

암컷의 깍지는 2㎜ 내외로 원형이고 중앙부가 융기되어 있으며 깍지의 색은 회갈색 또는 암갈색, 중앙의 각점은 회백색이다. 깍지에는 동심원형의 선이 있다.

❹ 생활사

1년에 2~3회 발생하고 약충태로 줄기나 가지에서 월동하나 성충태로 월동하는 것도 있다. 5월 하순~6월 중순에 성충이 되며 1회 부화약충은 5월 하순~6월 중순, 2회 부화약충은 7월 중순~8월 중순, 3회 약충은 8월 하순~11월 중순에 나타나며, 그 발생은 불규칙하다.

❺ 방제법

• 약제 _ 페니트로티온 유제(스미치온),
　　　　메티다티온 유제(수프라사이드)
• 시기 _ 5월 하순~6월 중순
• 방법 _ 약종에 따라 1,000배 희석액을 7~10일 간격으로 2~3회 살포

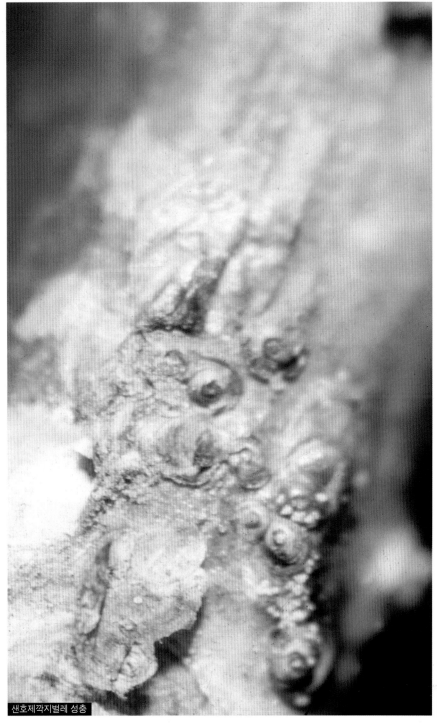
샌호제깍지벌레 성충

복숭아혹진딧물
학명 _ *Myzus persicae* (Sulzer)

❶ 피해 상황
벚나무, 왕벚나무 등 핵과류, 장미, 해당화, 사과나무, 배나무, 귤나무, 사철나무 등 수십 종의 수목에 피해를 가한다.

❷ 피해 상태
어린 약충이 잎 뒷면에 군서하면서 수액을 흡수하기 때문에 잎이 종으로 말리는 현상이 나타난다. 피해가 심하면 피해 잎이 갈색으로 변하고 조기 낙엽되어 자라던 가지만 앙상하게 남는다.

❸ 형태
종으로 말린 잎 부분을 펴보면 그 속에 군서하는 약충을 발견할 수 있다.

❹ 생활사
빠른 세대는 1년에 20회 이상이고 늦은 세대는 9회 발생하는 것도 있다.

❺ 방제법
● 약제 _ 아세페이트 수화제(오트란, 아시트, 골게터)
● 시기 _ 피해 발생 시
● 방법 _ 약종에 따라 1,000~2,000배 희석액을 1~2회 살포

벚나무

복숭아혹진딧물 무시충

벚잎혹진딧물

학명 _ *Tuberocephalus sakurae* (Matsumura)

벚잎혹진딧물 피해

❶ 피해 상황

우리나라 전역에 분포되어 있으며 심한 곳은 집단
적으로 나타난다.

❷ 피해 상태

5~6월경 벚나무의 신초 선단부의 잎에 기생하는
진딧물로 잎 뒷면에 군서하면서 즙액을 흡수한다.
피해 잎은 잎 뒷면 종축으로 말리며, 잎이 꼬이면서
심한 주름이 생기고 오그라지며 적색으로 변한다.

❸ 형태

무시충 암컷은 몸길이가 1.7㎜ 정도로 몸은 둥근
달걀 모양이며, 유시충은 몸길이가 1.9~2.0㎜로 몸
색깔은 암녹색이다.

❹ 생활사

가지에서 난태로 월동하고 4월 중순경 우화한다.
기타 생활사는 명확히 규명되지 않았다.

❺ 방제법

복숭아혹진딧물 참조

벚나무

사사키잎혹진딧물
학명 _ *Tuberocephalus sasakii* (Matsumura)

❶ 피해 상황

우리나라 전역에 분포되어 있으며, 벚나무 변종에
따라 심하게 피해를 받은 종이 있는가 하면 전혀
피해가 나타나지 않는 저항성 품종도 있다.

❷ 피해 상태

벚나무 잎에 기생하는 해충으로 잎 표면의 엽맥을
따라 땅콩 모양의 주머니, 즉 길이 20㎜, 폭 8~9㎜
충영을 형성한다. 형성 초기에는 황백색이나 성숙
하면 황록색 또는 홍색으로 변한다.

❸ 형태

무시충의 암컷은 몸길이 1.6㎜으로 몸색깔은 담황
색이다. 유시충 암컷의 두부는 흑색, 겹눈은 갈색이
며 더듬이는 대체로 검은색이다.

❹ 생활사

벚나무 가지에서 난태로 월동, 4월 중순경이 되면
부화하여 신엽으로 이동한다. 5월 하순에서 6월이
되면 유시충의 성충이 출현, 중간 기주인 쑥으로 날
아간다.

❺ 방제법

복숭아혹진딧물 참조

사사키잎혹진딧물 피해 상태

벚나무의 미국흰불나방

학명 _ *Hyphantria cunea* (Drury)

벚나무의 미국흰불나방 피해 초기

❶ 피해 상황

벚나무, 버즘나무, 은단풍 등 160여 종 활엽수를 가해하며 먹이가 부족할 때에는 초본류는 물론 농작물도 가해한다.

❷ 피해 상태

잡식성으로 침엽수를 제외한 모든 활엽수를 가해하며, 1화기(6~7월) 피해는 심하지 않으나 2화기(7월 하순~8월) 피해는 심하게 나타난다.

❸ 형태

몸과 날개가 흰색이기 때문에 흰불나방이라는 이름이 명명되었으며, 1화기 성충은 흰색 바탕에 흑색 반점이 몇 개 있고 2화기 성충은 완전히 흰색이다.

❹ 생활사

1년에 2회 발생하며 5월 중순~6월 중순 사이에 1화기 성충이 나타나며 2화기 성충은 7월 하순~8월 중순에 우화한다.

❺ 방제법

- 약제 _ 클로르피리포스 수화제(더스반)
- 시기 _ 피해 발생 시(6월, 8월)
- 방법 _ 1,000배 희석액을 살포
- 유의점 _ 핵과류, 벚나무는 약해가 심하므로 클로르피리포스 수화제(더스반), 아세페이트 수화제(오트란, 아시트, 골게터) 살포

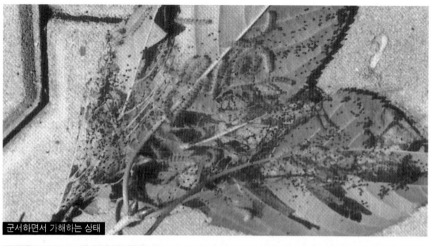
군서하면서 가해하는 상태

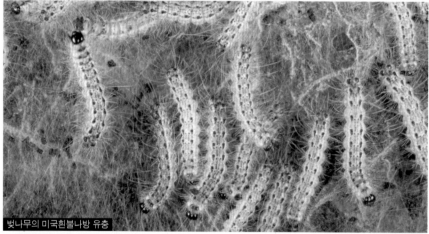
벚나무의 미국흰불나방 유충

벚나무의 미국흰불나방 성충과 산란

천막벌레나방 (텐트나방)

학명 _ *Malacosoma neustria* (Linnaeus)

군서하며 가해하는 텐트나방 유충

❶ 피해 상황

텐트나방은 천막벌레나방이라고 칭하기도 하며 잡식성으로 벚나무, 포플러, 상수리나무, 장미, 해당화, 아그배나무 등을 가해한다.

❷ 피해 상태

가지에서 월동한 알에서 부화된 어린 유충은 가지와 가지 사이나 가지와 줄기 사이에 거미줄로 두터운 천막을 치고 그 속에서 낮에는 휴식하고 밤에나와 식엽한다.

❸ 형태

성충의 몸길이는 암컷이 20㎜ 내외이고 수컷은 18㎜ 정도이다.

❹ 생활사

4령충 시기까지 천막 속에서 군서하지만 5령 이후에는 나무 전체로 분산하여 가해하며 6월 중ㆍ하순경 성충으로 우화한다. 산란은 1년에 1회이며 반지모양의 난괴 상태로 월동하고 다음 해에 부화한다.

❺ 방제법

• 약제 _ 클로르피리포스 수화제(더스반),
      아세페이트 수화제(오트란, 아시트, 골게터)
• 시기 _ 4월 하순~5월 초순
• 방법 _ 약종에 따라 1,000배 희석액을 살포
• 유의점 _ 벚나무는 약해가 심하므로 클로르피리포스 수화제(더스반), 아세페이트(오트란, 아시드, 골게터) 살포

텐트나방 유충

텐트나방 번데기

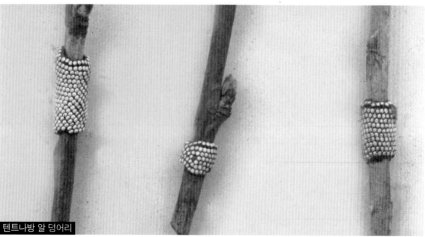
텐트나방 알 덩어리

벚나무모시나방

학명 _ *Elcysma westwoodi* (Vollenhoven)

❶ 피해 상황
벚나무, 왕벚나무, 살구나무, 매실나무, 복숭아나무, 자두나무, 사과나무에 피해를 주며 지역에 따라 많은 피해가 발생된다.

❷ 피해 상태
잎 뒷면에 서식하면서 5~6월에 잎을 가해한다.

❸ 형태
유충의 몸길이는 30㎜ 내외로 담황색 또는 황색이며 배면에 2개의 검은 선이 있고 날개가 모시 같다고 하여 모시나방으로 명명되었다.

❹ 생활사
1년에 1회 발생하고 성충은 8월 중순~9월에 우화, 어린 유충은 9월 하순부터 나타나기 시작하여 10월경부터 유충태로 월동하고 4월경부터 6월 중·하순까지 가해한다.

❺ 방제법
- 약제 _ 아세페이트 수화제(오트란, 아시트, 골게터), 클로르피리포스 수화제(더스반)
- 시기 _ 4월 중순~5월 중순
- 방법 _ 약종에 따라 1,000배 희석액을 살포
- 유의점 _ 수종에 따라 약해가 심하므로 트리클로르폰 수화제(디프)의 살포는 삼가는 것이 좋다.

먹무늬재주나방

학명 _ *Phalera flavescens*(Bremer et Gray)

❶ 피해 상황

벚나무, 버드나무, 오리나무, 상수리나무, 느릅나무, 사과나무, 배나무, 단풍나무 등 활엽수 잎을 섭식하는 식엽성 해충이다.

❷ 피해 상태

유충 시기에는 군서하면서 잎을 가해하지만 자라면서 분산하여 가해한다.

❸ 형태

노숙유충은 몸길이가 50~55㎜ 정도이고 몸색깔은 자흑색이다. 부화한 유충은 적갈색이며 군집하여 잎을 가해한다.

❹ 생활사

1년에 1회 발생하고 흙 속에서 번데기로 월동, 7~8월경 우화한다.

❺ 방제법

• 약제 _ 아세페이트 수화제(오트란, 아시트, 골게터), 클로르피리포스 수화제(더스반)

• 시기 _ 7월 하순~8월 중순

• 방법 _ 약종에 따라 1,000배 희석액을 살포

먹무늬재주나방 유충

먹무늬재주나방 부화유충

노랑쐐기나방

학명 _ *Monema flavescens* Walker

❶ 피해 상황

우리나라, 일본, 중국, 대만 등에 분포되어 있으며 벚나무, 감나무, 참나무, 단풍나무, 대추나무, 밤나무 등에 피해를 가하는 잡식성 해충이다.

❷ 피해 상태

잎을 가해하는 식엽성 해충으로 유충은 잎 뒷면에 군서하면서 엽육을 가해하고, 성장하면서 분산, 잎의 주맥 일부만 남기고 잎을 전부 식해한다.

❸ 형태

유충의 몸길이는 25㎜ 내외로 몸색깔은 황록색이고 등에는 담갈색의 넓은 무늬가 앞부분에 나 있다. 몸의 표면에는 극모가 나 있어 이것이 인체에 염증을 유발시킨다.

❹ 생활사

1년에 1회 발생하며 난처럼 생긴 각피질 속에서 전용(유충)으로 월동, 5월에 번데기가 되고 6월경 성충으로 출현한다.

❺ 방제법

• 약제 _ 클로르피리포스 수화제(더스반)
• 시기 _ 피해 발생 시
• 방법 _ 1,000배 희석액을 살포
• 유의점 _ 벚나무에는 트리클로르폰 수화제(디프)의 약해가 우려되므로 주의

노랑쐐기나방 노숙유충

노랑쐐기나방 번데기

벚나무

121

흰점쐐기나방
학명 _ *Austrapoda dentata* Oberthür

흰점쐐기나방 유충

❶ 피해 상황

밤나무, 상수리나무, 벚나무, 살구나무, 배나무, 차나무, 버드나무류를 가해한다.

❷ 피해 상태

유충이 잎을 식해하는 식엽성 해충이지만 큰 피해가 나타나는 경우는 드물다.

❸ 형태

유충의 몸길이는 15㎜ 정도이고 체폭이 약 8㎜이며 등의 폭이 넓고 평평하며 갈색의 무늬가 있다.

❹ 생활사

1년에 2회 발생하며 유충은 6~7월, 9~10월에 나타난다. 타원형의 단단한 갈색 고치를 짓고 번데기가 된다.

❺ 방제법

- 약제 _ 클로르피리포스 수화제(더스반)
- 시기 _ 피해 발생 시
- 방법 _ 1,000배 희석액을 살포

벚나무

장수쐐기나방

학명 _ *Latoia consocia* Walker

❶ 피해 상황
우리나라, 일본, 중국, 대만 등에 분포하며 버드나
무류, 벚나무, 밤나무, 배나무 등을 가해한다.

❷ 피해 상태
어린 유충이 군서하며 식해하지만 성장하면서 분
산하여 잎 전체를 식해한다.

❸ 형태
유충의 몸길이는 25㎜ 정도이며 몸색깔은 황록색
으로 앞가슴 등쪽에 2개의 검은 점이 있다.

❹ 생활사
1년에 1~2회 발생하며 번데기로 월동한다. 1화기
성충은 6월 초순~7월 초순에 나타나며 유충은 6월
부터 나타난다. 2화기 성충은 8월 중순부터 나타나
며 10월에 고치를 짓고 번데기가 된다.

❺ 방제법
• 약제 _ 클로르피리포스 수화제(더스반)
• 시기 _ 유충 발생 시
• 방법 _ 1,000배 희석액을 1~2회 살포

벚나무

흑색무늬쐐기나방

학명 _ *Phrixolepia sericea* Butler

❶ 피해 상황

우리나라, 일본, 시베리아 등에 분포하며 참나무류,
밤나무, 벚나무, 복숭아나무 등을 식해한다.

❷ 피해 상태

유충이 잎을 식해하며 때로 대발생하기도 한다.

❸ 형태

유충의 몸길이는 18㎜ 정도이며 몸색깔은 녹색 또
는 황록색이며 평평하다.

❹ 생활사

1년에 2회 발생하며 흙 속의 고치 속에서 유충으로
월동한다. 5월에 번데기가 되어 5~6월에 우화하며
2화기 성충은 8~9월에 우화한다.

❺ 방제법

- 약제 _ 클로르피리포스 수화제(더스반)
- 시기 _ 유충 가해 초기
- 방법 _ 1,000배 희석액을 살포

벚나무

꼬마쐐기나방

학명 _ *Microleon longipalpis* Butler

❶ 피해 상황

감나무, 벚나무, 밤나무, 버드나무류, 단풍나무류에 피해를 주며 우리나라, 일본, 대만, 시베리아에 분포한다.

❷ 피해 상태

유충은 잡식성으로 여러 수종의 잎을 식해하며 몸 표면에 자모가 있어 피부에 닿으면 통증을 느낀다.

❸ 형태

노숙유충의 몸길이는 10㎜ 정도이며 몸이 평평하다. 유충 몸색깔은 황록색이 보통이고 적록색이나 적황색인 개체도 있다.

❹ 생활사

1년에 2회 발생하며 고치 속에서 유충으로 월동하여 5월에 번데기가 된다. 2화기 성충은 8~9월에 우화하며 유충은 10월에 노숙한다.

❺ 방제법

• 약제 _ 클로르피리포스 수화제(더스반)

• 시기 _ 유충 발생 시

• 방법 _ 1,000배 희석액을 살포

벚나무

진달래방패벌레

학명 _ *Stephanitis pyrioides* (Scott)

진달래방패벌레 피해 전경

❶ 피해 상황

철쭉류, 진달래, 산철쭉, 연산홍, 사과나무, 밤나무 등에 피해를 주며 우리나라 전역의 철쭉 식재지에 많은 피해를 주고 있다.

❷ 피해 상태

잎에서 즙액을 흡수하는 흡수성 해충으로 잎 뒷면에 많은 개체가 서식하면서 피해를 주며 잎 뒷면을 보면 검은 점(분비물)이 많이 산재되어 있어 지저분하게 보인다.

❸ 형태

성충의 몸길이는 3.5~4㎜ 내외이고 몸색깔은 흑갈색으로 회백색의 방패 모양의 날개로 가려져 있다. 날개는 투명하고 시맥이 뚜렷이 보이며 X모양의 흑갈색 반문이 있다.

❹ 생활사

1년에 4~5회 발생하며 성충태로 낙엽과 지피물에서 월동한다.

❺ 방제법

• 약제 _ 페니트로티온 유제(스미치온),
　　　　다이아지논 유제(다이아톤),
　　　　아세페이트 수화제(오트란, 아시트, 골게터)
• 시기 _ 피해 발생 시
• 방법 _ 약종에 따라 1,000배 희석액을 10일 간격으로 2~3회 살포

진달래방패벌레 피해 근경

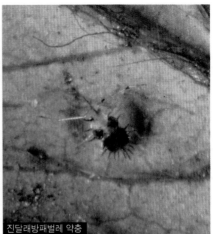

진달래방패벌레 약충

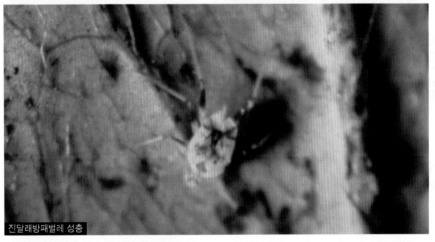

진달래방패벌레 성충

진달래방패벌레 피해를 입은 잎

진달래방패벌레 피해 잎 뒷면

철쭉응애(작은혹응애 : 가칭)

학명 _ *Oligonychus ilicis* (McGregor)

철쭉응애의 피해를 입은 잎

❶ 피해 상황

우리나라에서는 어느 종의 피해가 많은지 조사된 바 없으나 철쭉나무에 피해가 많은 것으로 추정된다.

❷ 피해 상태

피해 잎이 홍갈색 내지 적갈색으로 변하면서 마치 낙엽이 되듯 하고 잎에 생기가 없다.

❸ 형태

암컷의 몸길이는 0.4㎜ 내외이고 수컷은 0.33㎜이다. 몸색깔은 적갈색이나 앞부분과 다리는 등색이다. 잎의 표면과 뒷면에 기생하며 난은 구형이며 적색이고 중앙에 짧은 털이 1개 있다.

❹ 생활사

난태로 월동한다. 6~7월과 11월경 피해가 많이 발생한다.

❺ 방제법

• 약제 _ 프로파자이트 수화제(오마이트), 기타 살비제
• 시기 _ 발생 초기
• 방법 _ 1,000배 희석액을 7~10일 간격으로 2~3회 살포
• 유의점 _ 동일 약제의 연용은 저항성이 생기므로 바꾸어가면서 사용

철쭉

철쭉응애의 피해 뒷면 난각

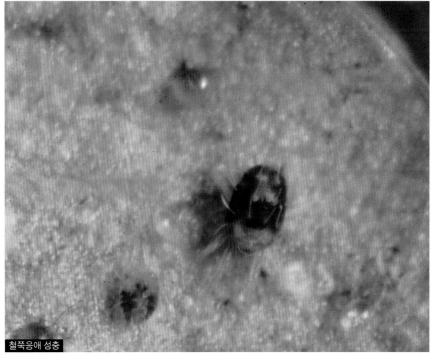

철쭉응애 성충

철쭉

129

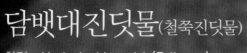

담뱃대진딧물(철쭉진딧물)

학명 _ *Vesiculaphis caricis* (Fullaway)

담뱃대진딧물

❶ 피해 상황

진달래, 철쭉, 연산홍 등 철쭉류에 피해를 주며 우리나라 전역에서 피해가 나타난다.

❷ 피해 상태

4~5월경 개화기에 신초, 신엽, 신아, 월동지, 화아 등에 군서하면서 수액을 흡수한다.

❸ 형태

암컷은 가운데 가슴, 뒷가슴, 배가 거의 투명하고 나머지 부분은 흑색이다.

❹ 생활사

보통 철쭉류 동아에서 난태로 월동한다.

❺ 방제법

• 약제 _ 아세페이트 수화제(오트란, 아시트, 골게터)

• 시기 _ 3월 하순

• 방법 _ 1,000배 희석액을 살포

철쭉

130

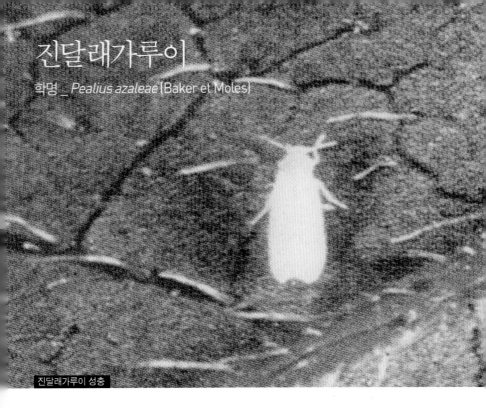

진달래가루이
학명 _ *Pealius azaleae* (Baker et Moles)

진달래가루이 성충

❶ 피해 상황
우리나라의 철쭉류에 발견되며 번식력이 강하므로
대규모 피해 발생의 우려가 많다.

❷ 피해 상태
비정상적인 잎 형태가 나타난다. 특히 잎에 주름이
많이 생기며 쭈글쭈글할 때에 잎 뒷면을 보면 타원
형의 평평한 작은 유충이 기생하는 것이 관찰된다.

❸ 형태
성충의 몸길이는 1㎜ 정도에 4개의 날개를 가지고
흰색이며 유충은 엷은 녹색의 둥근 타원형이다.

❹ 생활사
1년에 3회 발생하는 것으로 추정된다. 연중 철쭉류
에서 생활하고 번데기로 월동한다.

❺ 방제법
• 약제 _ 페니트로티온 유제(스미치온),
　　　　다이아지논 유제(다이아톤),
　　　　아세페이트 수화제(오트란, 아시트, 골게터)
• 시기 _ 피해 발생 시
• 방법 _ 약종에 따라 1,000배 희석액을 살포

추초류

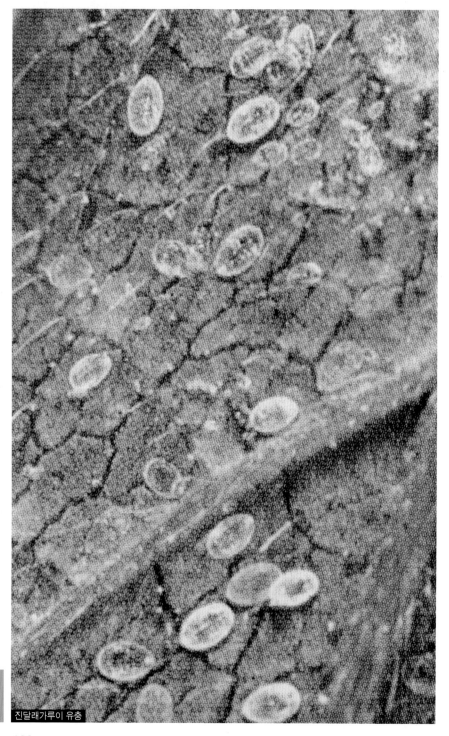

진달래가루이 유충

극동등에잎벌

학명 _ *Arge similis* (Vollenhoven)

극동등에잎벌 가해 상태

❶ 피해 상황
우리나라, 일본, 대만, 중국에 피해가 보고되었고, 철쭉류, 연산홍류를 가해하며, 지역에 따라 발생량에 차이가 있다.

❷ 피해 상태
5~9월 사이에 유충이 잎 뒷면에서 군서하면서 잎 가장자리부터 가해하기 시작하여 주맥만 남기고 식해한다.

❸ 형태
유충은 담황흑색이며 몸 전체에 흑색의 작은 반점이 산재되어 있고 군서한다.

❹ 생활사
1년에 3~4회 발생하며 땅속에서 고치를 생성, 그속에서 유충태로 월동하고 1회 성충은 4월 하순, 2회는 7월 초순, 3회는 9월 상순에 나타난다.

❺ 방제법
• 약제 _ 페니트로티온 유제(스미치온), 아세페이트 수화제 (오트란, 아시트, 골게터)
• 시기 _ 6월 초순
• 방법 _ 약종에 따라 1,000배 희석액을 살포

극동등에잎벌 유충

극동등에잎벌 성충

천적

134

버즘나무의 미국흰불나방

학명 _ *Hyphantria cunea* (Drury)

❶ 피해 상황

잡식성 해충으로 우리나라의 플라타너스에 피해가 심하며, 나무에 잎이 거의 없을 정도로 가해하여 미관을 해친다.

❷ 피해 상태

벚나무의 미국흰불나방 참조

❸ 형태

벚나무의 미국흰불나방 참조

❹ 생활사

벚나무의 미국흰불나방 참조

❺ 방제법

• 약제 _ 트리클로르폰 수화제(디프)

• 시기 _ 6월, 8월

• 방법 _ 발생 초기에는 가지 절단, 확산 후에는 수관 전체에 살포

버즘나무

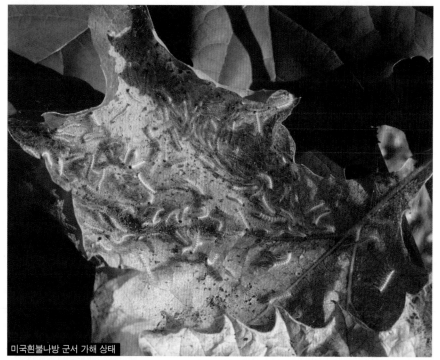

미국흰불나방 군서 가해 상태

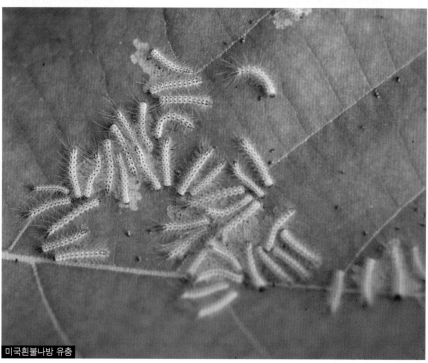

미국흰불나방 유충

알락하늘소

학명 _ *Anoplophora malasiaca* (Thomson)

알락하늘소 피해 나무

❶ 피해 상황

전국적인 피해가 있으며 가해 수종은 50여 종에 이르고 있다. 버즘나무, 은단풍나무, 자작나무 등에 특히 피해가 심하다.

❷ 피해 상태

수간 지제부에 피해가 심하게 나타나는 것이 특징이다. 피해 부위에는 1~2㎝의 원형 탈출공이 나며, 톱밥을 외부로 배출하지 않아 자세한 관찰이 요구된다.

❸ 형태

성충의 몸길이는 24~35㎜이고 몸 전체가 광택이 있는 흑색이고 날개에는 15~16개의 흰 점이 산재되어 있다.

❹ 생활사

성충 출현 최성기는 6월 중순~7월 중순이며, 노숙유충이 되면 목질부 속으로 들어가 5월 초순에 번데기가 된다.

❺ 방제법

• 약제 _ 페니트로티온 유제(스미치온)와 다이아지논 유제(다이아톤) 혼합
• 시기 _ 6월 중순~7월 중순
• 방법 _ 500배 혼합 희석액을 수간에 충분히 살포

알락하늘소 피해에 의한 고사목

알락하늘소 피해 식흔

알락하늘소 유충

알락하늘소 성충

버즘나무

138

버즘나무의 뿔밀깍지벌레

학명 _ *Ceroplastes ceriferus* (Fabricius)

버즘나무의 뿔밀깍지벌레 피해 나무

❶ 피해 상황

수십 종의 수종에 피해를 주는 해충으로 거북밀깍
지벌레와 피해 양상이 같다.

❷ 피해 상태

잎이나 가지에 붙어 수액을 흡수, 수세를 쇠약하게
하고 조기 낙엽과 그을음병을 유발한다.

❸ 형태

암컷의 깍지는 수분이 많이 함유된 두꺼운 흰색 밀
랍으로 되어 있고 크기는 6~8㎜이나 10㎜ 되는 것
도 있으며 등이 뾰족하다.

❹ 생활사

문헌에는 1년에 1회 발생하는 것으로 되어 있으나
서울의 경우 1년에 2회 발생한다. 1회 월동 성충이
5월 중·하순경 산란, 6월 초·중순경 부화하여 가
해한다. 7월 중·하순에 성충이 되어 산란하고 8월
중순경 2차 산란을 한다.

❺ 방제법

- 약제 _ 페니트로티온 유제(스미치온),
  메티다티온 유제(수프라사이드)
- 시기 _ 5월 하순~6월 하순(1회 발생 시), 8월 하순
  ~9월 하순(2회 발생 시)
- 방법 _ 약종에 따라 1,000배 희석액을 2~3회 살포

버즘나무

139

버즘나무의 뿔밀깍지벌레 성충

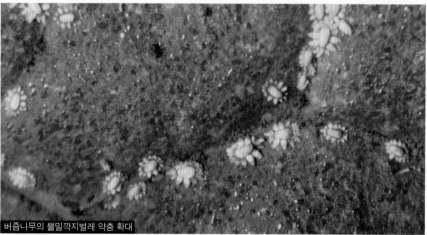

버즘나무의 뿔밀깍지벌레 약충 확대

버즘나무의 뿔밀깍지벌레 약충

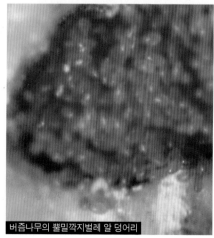

버즘나무의 뿔밀깍지벌레 알 덩어리

버즘나무응애
학명 _ 미상

버즘나무응애의 피해 가지

❶ 피해 상황
도심지의 버즘나무에 국부적으로 피해가 나타나고 있다. 정확한 응애명과 학명은 동정되지 않았으며, 버즘나무 해충으로 기록된 문헌은 없다.

❷ 피해 상태
8월경에 버즘나무의 잎이 적갈색으로 서서히 변하고 피해가 진전됨에 따라 갈색으로 변하여 조기 낙엽되거나 가지에 붙어 있다. 잎 뒷면의 엽맥 부분에 흰 가루가 보인다.

❸ 형태
일반 응애와 비슷하나 크기가 작고 적색을 띠고 있다.

❹ 생활사
정확한 생활사는 규명되어 있지 않으나 8월 하순경에 피해가 나타나고 가지 등에서 난태로 월동하는 것으로 추정된다.

❺ 방제법
8월경 피해가 발견되면 살비제를 10~15일 간격으로 2~3회 잎 뒷면과 앞면에 고루 살포한다. 피해 초기에는 약제 살포 시 요소 0.5%와 4종 복합비료를 1000배를 혼합, 살포하면 수세 회복이 가능하다.

버즘나무응애의 피해 잎 뒷면

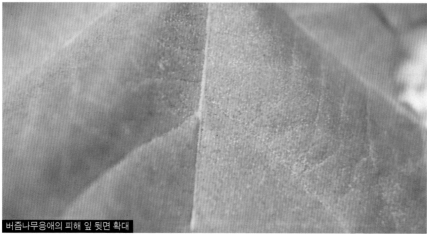
버즘나무응애의 피해 잎 뒷면 확대

버즘나무응애 성충

버즘나무방패벌레

학명 _ *Corythucha ciliata* (Say)

버즘나무방패벌레 피해를 입은 나무

❶ 피해 상황

1995년 피해가 확인되었으며 미국에서는 양버즘나무, 물푸레나무류, 히코리닥나무에 피해가 확인된 바 있다.

❷ 피해 상태

잎 뒷면에 군서하면서 성충과 약충이 수액을 흡수, 초기에 잎이 부분적으로 퇴색되었다가 피해가 확산되면서 잎 전체가 퇴색, 수관 전체로 확산되어 잎이 황백색으로 변화된다. 잎 뒷면이 지저분하다.

❸ 형태

성충의 몸길이는 2.0~2.4㎜로 몸은 암갈색이나 날개는 유백색의 물처럼 보인다.

❹ 생활사

1년에 1~2회 발생하며 성충으로 월동하고 4월 이후 월동한 성충이 잎으로 이동하여 산란한다.

❺ 방제법

〈수간주사〉

- 약제 _ 포스파미돈 액제(포스팜)
- 시기 _ 6월 중순
- 방법 _ 흉고직경에 따라 수간주사 주입 약량 조절

〈약제살포〉

- 약제 _ 페니트로티온 유제(스미치온)
- 시기 _ 6월~7월 초순(1회 발생 시), 8월(2회 발생 시)
- 방법 _ 1,000배 희석액을 살포

버즘나무

143

버즘나무방패벌레 피해를 입은 잎

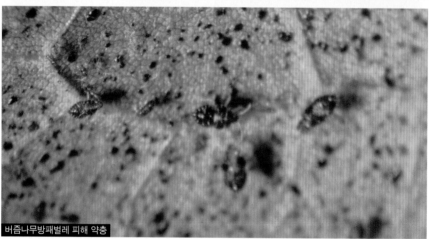
버즘나무방패벌레 피해 약충

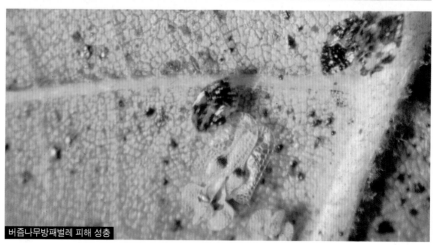
버즘나무방패벌레 피해 성충

버즘나무

144

느티나무알락진딧물

학명 _ *Tinocallis zelkowae* (Takahashi)

느티나무알락진딧물 피해를 입은 잎

❶ 피해 상황

우리나라 전역에 분포하고 지역에 따라 피해가 심하며 봄에 건조할 때 피해가 많이 나타난다.

❷ 피해 상태

잎 뒷면에 황갈색의 진딧물이 기생하여 수액을 흡즙한다.

❸ 형태

유시충은 몸길이가 1.61㎜로 몸색깔은 연한 황색이지만 가운데 가슴은 황색이며 각 배마디 등판에는 작고 둥그스름한 1쌍의 갈색 무늬가 있다.

❹ 생활사

난태로 동아에서 월동하고 5~6월경에 유시충과 약충이 동시에 나타난다.

❺ 방제법

● 약제 _ 아세페이트 수화제(오트란,아시트, 골게터), 포스파미돈 액제(포스팜)
● 시기 _ 4월 중순~5월 초순
● 방법 _ 약종에 따라 1,000배 희석액을 1~2회 살포
● 유의점 _ 약제살포가 어려운 지역은 포스파미돈(포스팜)을 1,000배로 희석하여 세근이 많은 지역의 땅속에 관주하거나 수간주사로도 효과가 있다.

느티나무

145

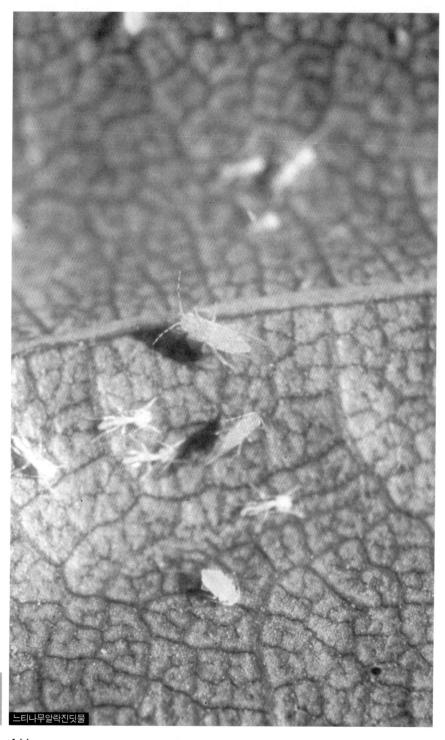

느티나무알락진딧물

느티나무외줄진딧물(느티나무외줄면충)

학명 _ *Colopha moriokaensis* (Monzen)

느티나무외줄진딧물 피해를 입은 나무

❶ 피해 상황

우리나라 전역에 분포되어 있으며 지역에 따라 피
해가 심하게 나타난다.

❷ 피해 상태

느티나무 잎에 표주박 같은 작은 혹(충영)이 생긴다.

❸ 형태

잎의 혹 속에는 날개가 없는 암록색의 암컷 성충이
솜가루 속에 덮여 있다.

❹ 생활사

난태로 월동하고 4월 초 · 하순에 부화, 새로운 잎
으로 이동하여 잎의 수액을 흡수한다. 5월 하순~6
월이 되면 유시태 성충이 되어 혹에서 나와 중간
기주인 대나무류에 날아가 산란한다.

❺ 방제법

• 약제 _ 아세페이트 수화제(오트란, 아시트, 골게터),
　　　　 포스파미돈 액제(포스팜)

• 시기 _ 4월 초 · 중순

• 방법 _ 약종에 따라 1,000배 희석액을 1~2회 살포

느티나무외줄진딧물 피해를 입은 가지

느티나무외줄진딧물 충영

느티나무

148

느티나무벼룩바구미

학명 _ *Rhynchaenus sanguinipes* (Roelofs)

느티나무벼룩바구미 피해를 입은 나무

❶ 피해 상황

우리나라 전역에 분포하고 있으며 지역에 따라 많은 피해가 발생한다.

❷ 피해 상태

성충이 잎 뒷면에서 엽육을 식해한다. 피해 잎은 엽맥만 남는다.

❸ 형태

적갈색 또는 흑갈색의 바구미로 성충의 몸길이는 2~3㎜이며, 모양은 장타원형이고 촉각과 다리는 황갈색이다. 몸에는 털이 나 있으며 황색 또는 황갈색이다. 다리가 발달되어 벼룩처럼 점프력이 좋다. 피해 잎이나 가지에서 성충을 채집하기란 쉽지 않다.

❹ 생활사

1년에 1회 발생하며 성충태로 월동하고 엽변의 엽육 속에 장타원의 용실을 만들고 번데기가 되며, 5월 하순경 성충이 탈출한다. 5월 하순~6월경에 새로운 성충이 가해하기 시작한다.

❺ 방제법

• 약제 _ 페니트로티온 유제(스미치온), 카바릴 수화제(세빈, 나크)
• 시기 _ 5월 중 · 하순~6월
• 방법 _ 약종에 따라 800~1,000배 희석액을 살포

느티나무

149

느티나무벼룩바구미 성충의 피해를 입은 잎(초기)

느티나무벼룩바구미 유충의 피해를 입은 잎

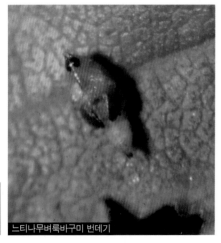
느티나무벼룩바구미 번데기

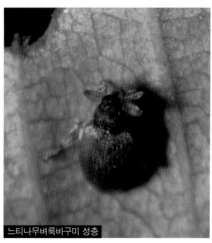
느티나무벼룩바구미 성충

느티나무비단벌레

학명 _ *Trachys yanoi* Y. Kurosawa

❶ 피해 상황

우리나라에서는 대규모 피해 발생이 기록된 바 없으나 종종 피해가 나타나기도 한다.

❷ 피해 상태

성충은 잎이 불규칙하고 길게 가해하는 특성이 있으며 유충은 잎 속에서 엽육을 가해한다.

❸ 형태

성충의 몸길이는 2.6~4.2㎜의 난형이고 흑동색으로 날개 표면 여러 곳에 흰색 털의 반점이 있다.

❹ 생활사

1년에 1회 발생하며 성충태로 수피 아래에 집단적으로 월동한다. 5월경 월동 장소에서 나와 엽육 내에 1개씩 산란한다. 정확한 생활사는 밝혀진 바 없다.

❺ 방제법

• 약제 _ 카바릴 수화제(세빈, 나크)
• 시기 _ 5~6월
• 방법 _ 1,000배 희석액을 살포

느티나무

느티나무굴깍지벌레(가칭)

학명 _ *Lepidosaphes gelkoval* Takagi et Kawai

❶ 피해 상황

국부적으로 피해가 나타나고 있으나 앞으로 주의를 요한다.

❷ 피해 상태

줄기나 가지에 부착하여 수액을 흡수한다.

❸ 형태

깍지는 자갈색 또는 회자갈색이며 크기는 2~2.5㎜로 길며 등 하단부가 넓어지며 깍지는 약간 구부러져 있는 특징이 있다.

❹ 생활사

정확한 생태는 밝혀지지 않았으나 성충태로 월동하고 5월 이후에 산란하여 부화유충이 발생되는 것으로 추정된다.

❺ 방제법

• 약제 _ 페니트로티온 유제(스미치온), 메티다티온 유제(수프라사이드)
• 시기 _ 5월 이후
• 방법 _ 약종에 따라 1,000배 희석액을 7~10일 간격으로 3회 살포

느티나무굴지깍지벌레 성충

노린재류

노린재류 피해를 입은 나무

❶ 피해 상황

경기도 평택의 느티나무에 노린재가 1997년 대발
생되어 나무를 고사시키고 주변 느티나무로 이동
하여 큰 피해를 주었다.

❷ 피해 상태

잎에 많은 수의 노린재가 서식하며 수액을 흡수하
여 잎이 거의 낙엽된다.

❸ 형태

다양

❹ 생활사

조사된 바 없음

❺ 방제법

- 약제 _ 페니트로티온 유제(스미치온),
  펜토에이트 유제(파프)
- 시기 _ 5월
- 방법 _ 약종에 따라 800~1,000배 희석액을 3~4
  회 살포

노린재류 피해 초기

노린재류 성충

매미류

❶ 피해 상황
지역에 따라 많이 발생된다.

❷ 피해 상태
수간에 탈피각이 여러 마디 붙어 있으며 지표면은
구멍이 여러 군데 뚫려 있는 것이 보인다.

❸ 형태
매미 암컷의 성충 몸길이는 40㎜ 정도이고 날개 끝
까지의 몸길이는 63~68㎜이다. 수컷은 43~48㎜
이고 날개 끝까지는 60~64㎜이다. 몸색깔은 흑색
이며 광택이 난다.

❹ 생활사
성충의 발생은 7월 하순~8월 초순으로 낮에 매미
울음 소리가 시끄럽다. 정확한 생태는 밝혀지지 않
았다.

❺ 방제법
- 약제 _ 카바릴 수화제(세빈, 나크),
　　　　다이아지논 유제(다이아톤)
- 시기 _ 7월~8월 수관 살포, 5~6월 토양 주입
- 방법 _ 카바릴 수화제를 500배로 희석하여 수관에
　　　　살포하거나 다이아지논 유제를 200~300배
　　　　로 희석하여 토양관주

느티나무

156

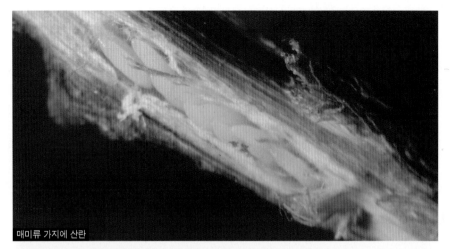

매미류 가지에 산란

매미류 용각

매미류 성충

느티나무

느티나무가루깍지벌레(버들가루깍지벌레)

학명 _ *Pseudococcus matsumotoi* Shiraiwa
Crisicoccus matsumotoi (Shiraiwa)

느티나무가루깍지벌레 약충

❶ 피해 상황

팽나무, 감나무, 배나무 등 잡식성으로 피해가 심하지는 않다.

❷ 피해 상태

줄기나 가지의 수피 속에서 기생하며 피해가 심하면 수세가 쇠약해진다.

❸ 형태

크기는 3~4㎜정도로 흰색 분말로 덮여 있다.

❹ 생활사

성충은 4월 하순~5월 중순부터 11월까지 나타나고 발생 상태가 불규칙하다.

❺ 방제법

• 약제 _ 페니트로티온 유제(스미치온),
메티다티온 유제(수프라사이드)

• 시기 _ 피해 발생 시

• 방법 _ 약종에 따라 1,000배 희석액을 2~3회 살포

느티나무

158

느티나무가루깍지벌레 부화약충

조팝나무진딧물

학명 _ *Aphis citricola* van der Goot

조팝나무진딧물 피해를 입은 잎

❶ 피해 상황
정원수에 많은 피해를 주는 흡수성 해충이다.

❷ 피해 상태
신초와 어린 잎 뒷면에 군서하며 수액을 흡수한다. 신초 생장이 중지되고 잎이 뒷면으로 말리며 조기 낙엽된다.

❸ 형태
유시충은 두부와 가슴이 흑색이고 배는 황록색이며 더듬이는 몸길이보다 짧고 암갈색이다.

❹ 생태
보통 조팝나무에서 난태로 월동하나 봄부터 유시충이 나타나 중간 기주인 모과나무, 명자꽃 등 다른 기주 식물로 날아가 가을까지 가해한다.

❺ 방제법
- 약제 _ 아세페이트 수화제(오트란, 아시트, 골게터), 디클로르보스 유제(DDVP)
- 시기 _ 피해 발생 시
- 방법 _ 약종에 따라 1,000배 희석액을 살포

모과나무

잎과 줄기에 군서하는 조팝나무진딧물 약충

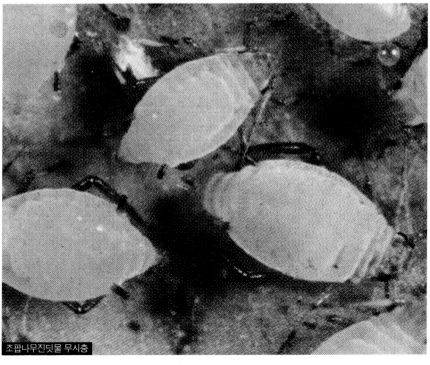
조팝나무진딧물 무시충

161

나무이

학명 _ *Psyllidae* sp.

나무이 피해를 입은 잎

❶ 피해 상황
모과나무에 피해가 나타나나 심한 편은 아니다. 나무이는 우리나라에 60여 종 정도 기록되어 있으나 정확한 생태는 알려진 바 없다.

❷ 피해 상태
신초나 잎 뒷면에 군서하면서 즙액을 흡수, 생장이 정지되고 잎에 황화현상이 일어나며 조기 낙엽된다.

❸ 형태
두부와 가슴과 배의 구분이 뚜렷하며, 노숙유충은 녹색 또는 녹황색이며 배에 주름이 뚜렷하다.

❹ 생활사
정확한 생태는 알려진 바 없으나 성충태로 월동하고 봄에 날아와 새순이나 잎 뒷면에 산란하는 것으로 추정된다. 6~8월경이면 흰 가루와 엉킨 실 같은 것이 잎 뒷면에 나타나고 잎이 황록색으로 변하고 낙엽된다.

❺ 방제법
• 약제 _ 페니트로티온 유제(스미치온), 메티다티온 유제(수프라사이드)
• 시기 _ 피해 발생 시
• 방법 _ 약종에 따라 1,000배 희석액을 2~3회 살포

모과나무

162

나무이 약충

모과나무

163

모과나무의 배나무방패벌레

학명 _ *Stephanitis nashi* Esaki et Takeya

배나무방패벌레의 피해를 입은 잎

❶ 피해 상황

모과나무를 비롯한 황매화, 장미, 벚나무, 명자나무, 사과나무, 배나무, 아그배나무, 꽃사과 등 많은 정원수에 피해를 준다.

❷ 피해 상태

피해 초기에는 잎 표면에 부분적으로 회색 반점이 나타나기 시작한다. 초기에 잎의 주맥 부근에서 시작하여 점차 확대되며, 피해가 진전됨에 따라 잎 전체가 회백색으로 되며 낙엽된다.

❸ 형태

성충의 몸길이는 3~3.5㎜이고 날개는 반투명하며 날개에는 X자 모양의 반점이 있고 충체에는 코뿔소의 뿔 같은 뿔이 여기저기 나 있다.

❹ 생활사

1년에 3~4회 발생하며 낙엽 사이에서 성충태로 월동한다. 봄에 새로운 잎의 뒷면에 15~30개의 알을 산란하고 암갈색의 분비물로 덮는다. 1세대는 6월 중순~7월 초순, 2세대는 7월 중순~8월 초순, 3세대는 8월 하순~9월 초순, 4세대는 10월 초순이나 생활이 불규칙하고 알과 약충과 성충이 동시에 나타나 가해한다.

❺ 방제법

- 약제 _ 페니트로티온 유제(스미치온),
  카바릴 수화제(세빈, 나크)
- 시기 _ 잎이 퇴색되기 시작할 때
- 방법 _ 약종에 따라 1,000배 희석액을 잎 뒷면에
  10~15일 간격으로 2~3회 살포

모과나무

배나무방패벌레 약충

배나무방패벌레 성충

딱총나무수염진딧물

학명 _ *Acyrthosiphon magnoliae* (Essig et Kuwana)

딱총나무수염진딧물

❶ 피해 상황

딱총나무, 배롱나무, 사철나무, 식나무, 팽나무, 모과나무 등을 가해하며 우리나라, 일본에 분포한다.

❷ 피해 상태

신초 및 새잎의 뒷면에 모여서 수액을 흡수한다. 잎은 부분적으로 갈변하여 조기 낙엽된다.

❸ 형태

무시태(날개가 없는 성충) 암컷의 크기는 3~4㎜이고, 충체는 등황색 내지 황녹색으로 광택이 있으며 더듬이와 다리는 흑색이다.

❹ 생활사

딱총나무에서 난태로 월동하고 봄에 부화하여 처녀생식으로 증식, 5월 하순부터 유시충이 나타나 다른 기주로 이동한다.

❺ 방제법

- 약제 _ 아세페이트 수화제(오트란, 아시트, 골게터), 디클로르보스 유제(DDVP)
- 시기 _ 5월 초순
- 방법 _ 약종에 따라 1,000배 희석액을 살포

점박이응애

학명 _ *Tetranychus urticae* Koch

건전 잎과 피해 잎 비교

❶ 피해 상황
지역에 따라 피해가 심하게 나타나며 당해 연도의 기후와 관계가 깊다.

❷ 피해 상태
피해 초기에는 잎에 부분적으로 퇴색 부위가 나타나고 피해가 진전됨에 따라 잎 전체가 회색으로 변하여 9월경 조기 낙엽되며 가지만 앙상하게 남는다.

❸ 형태
장미의 사과응애 참조

❹ 생활사
장미의 사과응애 참조

❺ 방제법
장미의 사과응애 참조

점박이응애 성충

장미의 사과응애
학명 _ *Panonychus ulmi* Koch

사과응애

❶ 피해 상황
조경수 장미에 속하는 수종에 피해를 준다.

❷ 피해 상태
잎 뒷면에서 수액을 빨아 먹어 잎에 최초로 회색 반점이 나타나고 회갈색으로 변하면서 낙엽된다.

❸ 생활사
1년에 7~8회 발생하고 알로 월동하며 다음 해 4월 중순에 부화하여 피해를 준다.

❹ 방제법
- 약제 _ 펜피록시메이트 액상수화제(살비왕), 페나자퀸 액상수화제(보라매, 응애단), 테부펜피라드 수화제(피라니카), 아조사이클로틴 수화제(페로팔), 피리다벤 수화제(산마루)
- 시기 _ 피해 발생 시
- 방법 _ 약종별로 1,000~2,000배 희석액을 2~3회 살포

장미

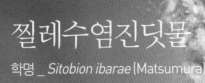

찔레수염진딧물

학명 _ *Sitobion ibarae* (Matsumura)

찔레수염진딧물이 신초를 가해한 상태

❶ 피해 상황

특히 장미류에 피해가 많다.

❷ 피해 상태

4월~5월경 신초, 신엽, 화경에 많이 발생되며 군서하여 수액을 흡수한다. 잎이 기형이 되고 정상적인 개화도 불가능하다.

❸ 형태

유시충 성충의 두부, 촉각, 다리가 흑색이고 배는 녹황색이다. 무시충은 연한 녹색이고 촉각은 몸길이보다 약간 길다.

❹ 생활사

성충 또는 유충태로 월동하고 한랭지역에서는 난태로도 월동한다. 4월경 유시태 성충이 출현하여 산란하고 5~6월경 피해가 가장 심하다.

❺ 방제법

• 약제 _ 아세페이트 수화제(오트란, 아시트, 골게터), 디클로르보스 유제(DDVP)

• 시기 _ 4월 중순

• 방법 _ 1,000배 희석액을 충분히 살포

장미

170

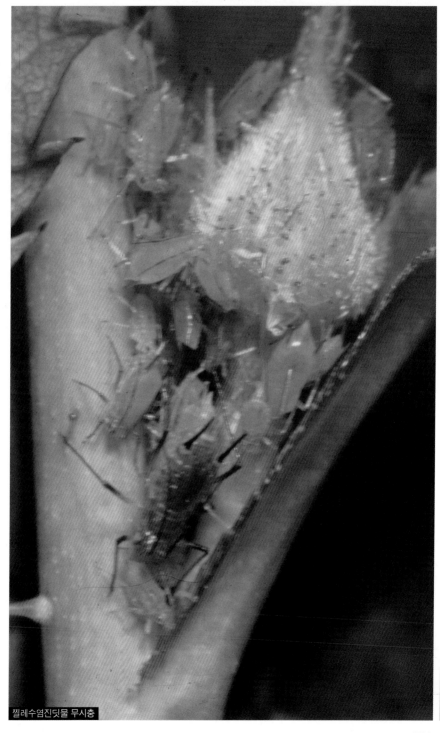

찔레수염진딧물 무시충

장미흰깍지벌레
학명 _ *Aulacaspis rosae* (Bouche)

장미흰깍지벌레 피해

❶ 피해 상황
가지에 붙어 수액을 흡수, 수세를 쇠약하게 하고 조기 낙엽된다.

❷ 피해 상태
피해가 심한 가지는 고사하고 피해가 경미할 때에 생장이 부진하고 꽃이 작으며 지저분하게 낙화되거나 붙어 있다.

❸ 형태
암컷의 성충은 원형으로 2~3㎜ 정도이고 깍지의 등은 융기되어 있고 중앙이 한쪽으로 약간 기울어져 있으며 황갈색의 타원형이다. 수컷의 깍지는 원통형으로 길며 한곳에 다수가 군서하고 성충은 날개가 있어 날아다니며 암컷과 교미한다.

❹ 생활사
성충태로 월동하고 5월 초순에 부화하여 다른 가지로 빠르게 이동한다. 6~7월경 성충이 되어 깍지 속에 산란하고 부화된 약충은 다시 성장하여 8월 이후 성충이 되어 교미한 후 월동한다.

❺ 방제법
• 약제 _ 메티다티온 유제(수프라사이드),
　　　디메토에이트 유제(로고, 록숀),
　　　페니트로티온 유제(스미치온)
• 시기 _ 4~7월
• 방법 _ 약종에 따라 1,000배 희석액을 7~10일 간격으로 2~3회 살포

장미흰깍지벌레(우)

장미흰깍지벌레(송)

장미등에잎벌

학명 _ *Arge pagana pagana* (Panzer)

장미등에잎벌 성충

❶ 피해 상황
피해가 심한 편은 아니나 보호 관리가 소홀한 공원에는 자주 피해가 나타난다. 우리나라, 중국, 유럽, 몽고 등에 분포한다.

❷ 피해 상태
부화유충이 군서하면서 잎의 가장자리에서부터 가해한다. 엽병과 주맥만 남기는 특성이 있어 피해 구별이 용이하다.

❸ 형태
성충은 흑색이고 날개는 반투명하며, 몸길이는 8~10㎜이다. 두부와 가슴은 흑색이고 배는 등황색이다. 유충은 담녹색 또는 황록색이고 다수의 작은 흑점이 있다.

❹ 생활사
성충은 1년에 2~3회 발생되는 것으로 추정되며 1회는 4~5월경 부화하여 산란, 유충은 군서하면서 가해하다가 노숙유충은 땅속으로 들어가 번데기가 된다. 이러한 상태를 2~3회 반복하다가 가을에 노숙유충이 땅속으로 들어가 번데기가 되어 월동하며, 다음 해 4~5월경에 부화 산란한다.

❺ 방제법
- 약제 _ 트리클로르폰 수화제(디프), 디클로르보스 유제(DDVP), 페니트로티온 유제(스미치온), 펜토에이트 유제(파프)
- 시기 _ 4월
- 방법 _ 약종에 따라 1,000배 희석액을 살포

장미

174

장미등에잎벌 유충

버드나무얼룩가지나방

학명 _ *Abraxas miranda* Butler

버드나무얼룩가지나방 유충

❶ 피해 상황
우리나라에서도 피해가 발생하였으나 대규모 피해가 발생된 기록은 없다.

❷ 피해 상태
유충은 집단적으로 발생하여 잎을 모두 가해하여 피해가 심하게 나타나며 유충은 나무가 흔들리면 실을 토하고 지표로 낙하한다.

❸ 형태
유충의 몸길이는 25~30㎜로 흑갈색의 바탕에 담황색 또는 등황색의 종선이 있다.

❹ 생활사
1년에 2회 발생하고 유충으로 수관 또는 지제부에서 월동하며 4~5월경, 9~10월경 성충이 출현, 잎 가장자리에 1열로 산란한다.

❺ 방제법
- 약제 _ 트리클로르폰 수화제(디프),
  페니트로티온 유제(스미치온),
  카바릴 수화제(세빈, 나크)
- 시기 _ 4~5월, 7~9월
- 방법 _ 약종에 따라 1,000배 희석액을 2~3회 살포

노랑털알락나방

학명 _ *Pryeria sinica* Moore

❶ 피해 상황

지역에 따라 피해가 심하고 사철나무 외에 사스레피나무, 빗죽이나무, 줄사철나무, 노박덩굴, 청다래덩굴, 화살나무, 참빗살나무 등을 가해하며 우리나라, 일본, 중국에 분포한다.

❷ 피해 상태

피해가 심할 때 잎을 모두 식해하고 가지만 남긴다. 유충은 활동성이 적으며 집단적으로 군서하면서 가해한다.

❸ 형태

노숙유충은 몸길이가 20㎜ 정도이고 몸색깔이 황백색으로 측간색의 종선이 다수 있으며 미세한 털이 있다.

❹ 생활사

가지에 난태로 월동하고 5월 중순경~6월경 잎을 철하고 고치를 만들며, 10~11월에 성충이 출현, 가지에 난괴로 산란한다.

❺ 방제법

• 약제 _ 트리클로르폰 수화제(디프),
　　　　페니트로티온 유제(스미치온),
　　　　클로르피리포스 수화제(더스반)

• 시기 _ 봄철

• 방법 _ 약종에 따라 1,000배 희석액 살포

사철깍지벌레(사철긴깍지벌레)

학명 _ *Unaspis euonymi* (Comstock)

❶ 피해 상황

우리나라 사철나무에 피해가 심하며 지역에 따라서는 가지와 잎 피해가 심하다. 사철나무, 회양목, 꽝꽝나무, 화살나무, 참빗살나무에도 피해를 준다.

❷ 피해 상태

잎과 가지에 붙어 즙액을 흡수하기 때문에 수세가 쇠약해지며 잎이 황색으로 변하고 조기 낙엽된다. 잎과 가지에 군서하여 수액을 흡수, 육안으로 쉽게 발견된다.

❸ 형태

암컷의 깍지는 장방형으로 길이는 2㎜ 정도로 등이 융기되어 있고 암갈색 내지 회흑색 깍지를 쓰고 있으며 수컷의 깍지는 1.4㎜이다.

❹ 생활사

1년에 2회 발생하고 성충태로 월동하며, 5~6월과 7~8월에 2회 부화유충이 나타난다.

❺ 방제법

• 약제 _ 메티다티온 유제(수프라사이드),
　　　　페니트로티온 유제(스미치온)

• 시기 _ 5월 중순~6월 중순, 7월 하순~8월 하순

• 방법 _ 약종에 따라 1,000배 희석액을 7~10일 간격으로 3회 살포

사철나무

178

사철깍지벌레 피해를 입은 가지

사철깍지벌레 피해를 입은 잎

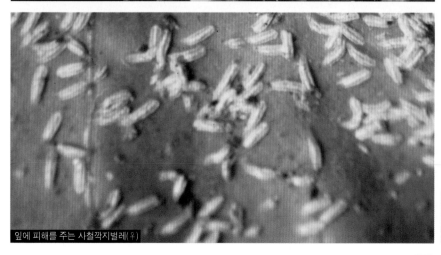
잎에 피해를 주는 사철깍지벌레(♀)

거북밀깍지벌레

학명 _ *Ceroplastes japonicus* Green

❶ 피해 상황

사철나무 외에 감나무, 살구나무, 가시나무, 모과나무, 버즘나무에 뿔밀깍지벌레와 더불어 피해가 심하게 나타나고 있다.

❷ 피해 상태

가지나 잎에 기생, 수액을 흡수하여 수세가 쇠약해지며 조기 낙엽되고 피해가 심한 경우 가지나 잎에 깍지가 가루를 뿌려 놓은 듯하다. 조경수나 가로수에 피해가 심하다.

❸ 형태

암컷의 깍지는 3~4mm이고 두꺼운 흰색 밀랍으로 되어 있으며 등의 모양이 거북이등처럼 보인다고 하여 거북밀깍지벌레라고 칭한다.

❹ 생활사

1년에 1회 발생하고 부화 시기는 7월 초순~7월 하순이다. 성충태로 월동하고 다음해 5월 중·하순 ~6월 초순에 산란되며 6~7월에 부화한 뒤 이동하여 정착한다. 정확한 생태조사에 대해서는 연구를 요한다.

❺ 방제법

- 약제 _ 페니트로티온 유제(스미치온),
  메티다티온 유제(수프라사이드)
- 시기 _ 6월 초순~7월 초순, 8월 하순~9월 중순
- 방법 _ 약종에 따라 1,000배 희석액을 7~10일 간격으로 3회 살포

거북밀깍지벌레 구성충

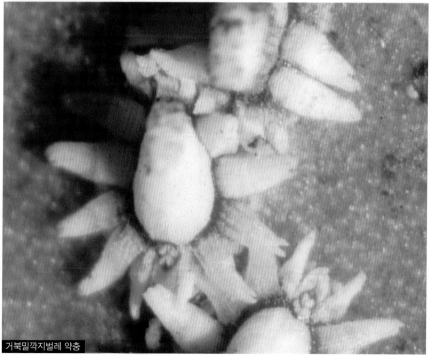

거북밀깍지벌레 약충

사철나무혹파리
학명 _ *Masakimyia pustulae* Yukawa et Sunose

사철나무혹파리 피해를 입은 나무

❶ 피해 상황
우리나라의 중부 지방에 피해가 심하게 나타나고 있다. 일본, 중국에 분포되어 있다.

❷ 피해 상태
잎 표면에 울퉁불퉁한 원형 또는 타원형의 수포가 부풀어 오르며 피해가 진전됨에 따라 피해 부위가 확대되고 잎이 회황색으로 변하면서 조기 낙엽된다.

❸ 형태
유충은 황색으로 조직 속에서 수액을 흡수하며 크기는 2~3㎜ 정도이다.

❹ 생활사
잎 속에서 유충태로 월동하고 다음 해 4월 초순~4월 하순에 성충(파리)이 출현하여 잎 뒷면에 200개 정도 산란한다. 산란된 알은 부화하여 조직 속으로 들어가 수액을 흡수한다. 조직 속의 유충은 연중 가해하다가 가을이 되면 3령충으로 월동하며, 3월~4월경 번데기가 된다.

❺ 방제법
- 약제 _ 트리클로르폰 수화제(디프),
  페니트로티온 유제(스미치온),
  카탑하이드로클로라이드 수화제(파단, 칼탑)
- 시기 _ 4월
- 방법 _ 약종에 따라 1,000배 희석액을 2~3회 살포
- 유의점 _ 약제살포가 어려운 경우 5월에 후라단 입제를 뿌리에 처리한다.

사철나무혹파리 피해를 입은 잎

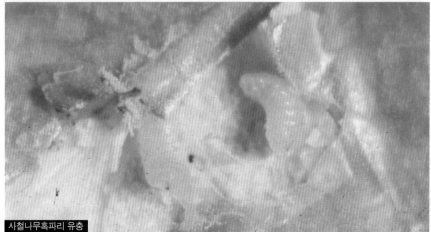
사철나무혹파리 유충

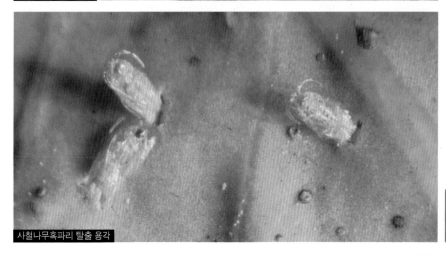
사철나무혹파리 탈출 용각

사철나무

남방차주머니나방
학명 _ *Eumeta japonica* Heylaerts

❶ 피해 상황

우리나라 남쪽지방에 피해가 나타나고 벚나무, 감나무, 편백 등 많은 침엽수, 활엽수를 가해하는 잡식성 해충이다.

❷ 피해 상태

나무, 잎, 가지의 껍질로 주머니를 만들고 그 속에서 잠복하면서 수시로 외부로 나와 잎을 가해한다. 가지에 주머니가 부착되어 피해가 쉽게 확인된다.

❸ 형태

주머니 속의 노숙유충은 길이가 20~35㎜이고 두부는 회갈색, 충체는 담황갈색이다.

❹ 생활사

1년에 1회 발생하며 주머니 속에서 유충태로 월동하고 봄에 새잎을 가해하다가 5~6월경 번데기가 되고 5월 하순~8월 초순에 성충이 된다.

❺ 방제법

- 약제 _ 클로르피리포스 수화제(더스반),
  카바릴 수화제(세빈, 나크)
- 시기 _ 7~8월
- 방법 _ 약종에 따라 1,000배 희석액을 살포

사철나무

남방차주머니나방 유충

배롱나무알락진딧물

학명 _ *Sarucallis kahawaluokalani* (Kirkaldy)

배롱나무알락진딧물 피해 나무

❶ 피해 상황

우리나라 배롱나무에 피해가 많으며, 일본, 중국, 하와이, 인도, 북아메리카에 분포한다.

❷ 피해 상태

여름철이 되면 잎 뒷면에 황색의 진딧물이 집단적으로 군서하면서 즙액을 흡수하기 때문에 가지의 생장이 중지되고 잎이 작아지면서 쭈글쭈글해진다. 시간이 경과하면 점차 황록색을 띠고 조기 낙엽되며 그을음병을 유발한다.

❸ 형태

유시충의 몸길이는 1.5㎜이고 정흉배면은 암흑색으로 불규칙한 선과 같은 반문이 있으며 복부는 담황색이고 약충은 연한 담황색이다.

❹ 생활사

연간 발생 횟수가 불분명하지만 봄부터 가을까지 피해가 계속된다. 난태로 가지에서 월동하고 4월경 부화, 새로운 잎으로 이동하여 기생한다.

❺ 방제법

• 약제 _ 아세페이트 수화제(오트란, 아시트, 골게터)
• 시기 _ 피해 발생 시
• 방법 _ 1,000배 희석액을 2회 살포

배롱나무

186

잎 뒷면의 가해 상태

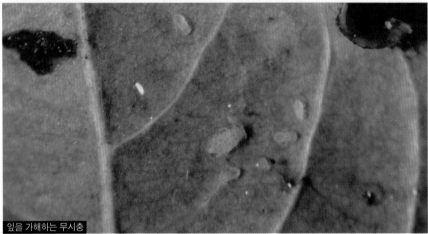
잎을 가해하는 무시충

배롱나무알락진딧물 무시충

배롱나무의 주머니깍지벌레
학명 _ *Eriococcus lagerstroemiae* Kuwana

배롱나무의 주머니깍지벌레 피해 나무

❶ 피해 상황
우리나라 전역에 피해를 주고 있다. 배롱나무 외에
석류나무, 예덕나무에도 기생한다.

❷ 피해 상태
수간, 가지, 잎에 기생하며 즙액을 흡수하기 때문에
어린 가지가 고사하고 조기 낙엽되어 수세가 쇠약
해진다.

❸ 형태
흰색의 주머니 모양의 깍지는 군서하며 가지와 잎
에 부착되어 있다.

❹ 생활사
1년에 2~3회 발생하며 주로 난태로 월동하지만 주
머니 속의 유충 상태로 월동하는 개체도 있다. 부화
시기는 1회는 6~7월, 2회는 8월 하순~9월경이다.

❺ 방제법
• 약제 _ 메티다티온 유제(수프라사이드),
　　　　페니트로티온 유제(스미치온)
• 시기 _ 6~7월
• 방법 _ 약종에 따라 1,000배 희석액을 15일 간격
　　　　으로 살포

배롱나무

188

주머니깍지벌레 피해 가지

주머니깍지벌레 성충과 부화약충

배롱나무

배나무방패벌레

학명 _ *Stephanitis nashi* Esaki et Takeya

❶ 피해 상황

배나무, 매화나무, 사과나무, 아그배나무, 벚나무, 명자나무 등 많은 나무에 피해를 가한다.

❷ 피해 상태

잎 뒷면에서 즙액을 흡수하기 때문에 잎 표면이 피해 초기에는 황록색으로 보이다가 회백색으로 되어 조기 낙엽되고 수세가 쇠약해진다.

❸ 형태

모과나무의 배나무방패벌레 참조

❹ 생활사

모과나무의 배나무방패벌레 참조

❺ 방제법

모과나무의 배나무방패벌레 참조

배나무

배나무방패벌레 피해 잎 뒷면

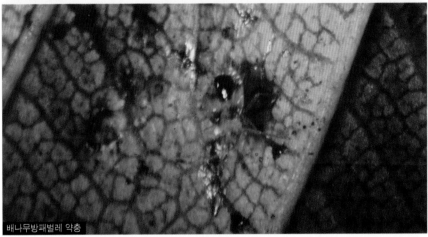

배나무방패벌레 약충

배나무방패벌레 성충

은무늬굴나방

학명 _ *Lyonetia prunifoliella* (Hübner)

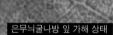
은무늬굴나방 잎 가해 상태

❶ 피해 상황

사과나무, 벚나무, 산사나무, 아그배나무, 배나무, 자작나무 등 많은 나무에 피해를 가하며 우리나라 전국에 분포되어 있다.

❷ 피해 상태

잎이 뒷면으로 말리고 심하면 조기 낙엽된다.

❸ 형태

유충의 길이가 5㎜ 정도이며 황갈색, 담흑색이다. 고치는 유충이 토한 흰색의 실 사이에 매달려 있다.

❹ 생활사

1년에 6회 정도 발생하고 성충 또는 번데기로 월동한다. 5월 초순에 새잎에 산란한다.

❺ 방제법

- 약제 _ 오메토에이트 액제(호리마트),
  페니트로티온 유제(스미치온),
  카탑하이드로클로라이드 수화제(파단, 칼탑)
- 시기 _ 5월 중순
- 방법 _ 약종에 따라 1,000배 희석액을 살포

배나무

은무늬굴나방 유충

매실애기잎말이나방

학명 _ *Rhopobota naebana* (Hübner)

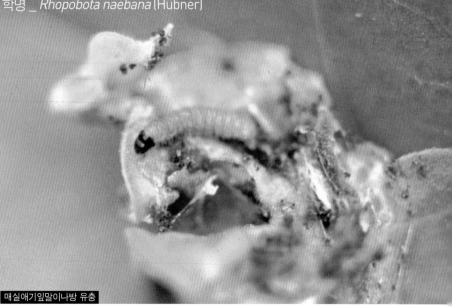

❶ 피해 상황

서울지방의 회양목에 피해가 자주 나타나지만, 회양목명나방과 같은 피해는 없으며 사과나무, 배나무, 벚나무, 산사나무, 꽝꽝나무, 감탕나무 등도 가해한다.

❷ 피해 상태

신초 선단부의 잎을 2~3개 철하고 가해한다. 잎면의 엽육을 가해하여 신초 잎이 회색으로 변하고 지저분하게 된다. 가해 잎과 배설물이 피해 부위에 나타난다.

❸ 형태

노숙유충은 8~9㎜로 담회녹색이고 두부는 차갈색이다. 성충의 몸길이는 14~15㎜이다. 회갈색 앞날개의 선단부에는 암흑색의 선이 있다.

❹ 생활사

1년에 수회 발생하는 것으로 추정되며 가지나 줄기에서 난태로 월동하고 알은 4월 하순경 부화한다. 1회 성충은 6월 중·하순경 나타나고 피해가 9월까지 반복되다가 9월 하순~10월이 되면 수피와 신초에서 난태로 월동한다.

❺ 방제법

- 약제 _ 트리클로르폰 수화제(디프),
  페니트로티온 유제(스미치온),
  카탑하이드로클로라이드 수화제(파단, 칼탑)
- 시기 _ 5~9월
- 방법 _ 약종에 따라 1,000배 희석액을 충분히 묻도록 신초 부위에 살포

무화과깍지벌레

학명 _ *Coccus hesperidum* Linnaeus

무화과깍지벌레 피해 가지

❶ 피해 상황

우리나라 안동지역에 많은 피해를 주고 있다. 무화
과, 생달나무, 돈나무, 장미, 감귤, 백합, 히말라야
시다 등 많은 수목에 기생한다.

❷ 피해 상태

가지에 붙어서 수액을 흡수, 가지가 고사되고 수형
이 완전 파괴된다.

❸ 형태

노숙한 성충은 깍지가 담갈색 또는 황갈색으로 껍
질이 얇으며 탄력성이 있고, 작은 흑색 점 무늬가
있다. 크기는 3~4㎜이며 등에는 다수의 유선돌기
가 뿔처럼 나 있다.

❹ 생활사

온대 지방에서 1년에 4~5회 반복하는 것으로 추정
되며 정확한 생태가 밝혀진 바 없다.

❺ 방제법

• 약제 _ 디메토에이트 유제(로고, 록숀)
　　　　페니트로티온 유제(스미치온)
• 시기 _ 부화약충 시기
• 방법 _ 약종에 따라 1,000배 희석액을 살포

배나무

무화과깍지벌레 성충

사과응애
학명 _ *Panonychus ulmi* Koch

사과응애 피해

❶ 피해 상황

사과나무를 비롯하여 100여 종의 수목을 가해하는 흡수성 해충으로, 전국적으로 피해가 발생하며 특히 고온 건조한 지역의 조경수목에 피해가 심하게 나타난다.

❷ 피해 상태

처음에는 잎이 부분적으로 퇴색되고 차츰 황갈색으로 변하여 조기 낙엽된다. 잎 뒷면을 보면 흰 난각과 엷은 거미줄이 관찰된다.

❸ 형태

성충의 몸길이는 0.41㎜ 내외이고 몸색깔은 암적색이며 등 기점에 흰 털이 나 있다. 귤응애와 모양이 비슷하다. 알은 등적색이며 수컷의 몸길이는 0.33㎜이다.

❹ 생활사

1년에 7~8회 발생하여 난태로 가지의 분지면이나 꽃눈에서 월동, 다음 해 4월 중순~하순 사이에 부화한다. 고온 건조 시 밀도 증가로 피해가 크게 확산된다.

❺ 방제법

점박이응애 참조

사과나무

197

사과응애 피해를 입은 잎

사과응애 피해 잎 뒷면

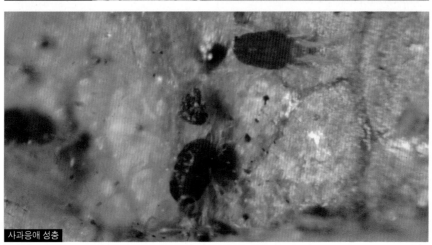
사과응애 성충

회양목명나방

학명 _ *Glyphodes perspectalis* [Walker]

회양목명나방 피해를 입은 나무

❶ 피해 상황
유충이 잎의 엽육을 가해하다가 잎을 여러 개 거미
줄로 철하고 그 속에서 잎을 가해하므로 육안으로
쉽게 피해가 발견된다.

❷ 피해 상태
피해가 심한 곳은 초기에 거미줄로 서로 붙어 있는
피해엽을 분리하면 그 속에서 유충이 발견된다.

❸ 형태
노숙유충이 되면 길이가 35㎜ 정도까지 자라며 두
부는 검은색으로 광택이 난다.

❹ 생활사
1년에 2회 발생하나 발생 시기는 지역에 따라 차이
가 있다. 1회는 4월 하순부터 6월 사이에 가해하며
성충은 6~7월에 나타나고 2회 유충은 8~9월에 나
타나며 정확한 생태는 밝혀진 바 없으나 땅속에서
유충태로 월동하고 봄에 용화, 4월 중 · 하순경 성
충이 부화하며 산란하는 것으로 추정된다.

❺ 방제법
• 약제 _ 트리클로르폰 수화제(디프),
　　　　　페니트로티온 유제(스미치온)
• 시기 _ 4월 하순~5월, 8월 초 · 중순
• 방법 _ 약종에 따라 1,000배 희석액을 살포

회양목명나방 피해 초기

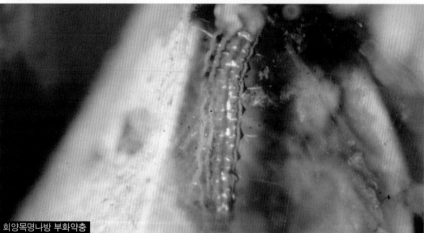
회양목명나방 부화약충

회양목명나방 노숙유충

회양목각지벌레(가칭)

학명 _ *Kuwanaspis* sp.

❶ 피해 상황

서울지방에 피해가 많이 나타났다.

❷ 피해 상태

신초의 가지나 잎의 표면에 기생하여 잎이 낙엽되고 가지만 앙상하게 남는다.

❸ 형태

암컷의 깍지는 흰색이다. 1회 탈피각은 흑색으로 뚜렷하고 흰 깍지는 끝 부분으로 가면서 넓어지며, 크기는 1~1.5mm이다. 수컷의 깍지는 흰색으로 가늘고 길며 양측이 평행하다. 크기는 0.8~1mm이다.

❹ 생활사

정확한 생태는 조사된 바 없으나 교미 후 성충태로 월동하는 것으로 추정된다.

❺ 방제법

- 약제 _ 메티다티온 유제(수프라사이드), 페니트로티온 유제(스미치온)
- 시기 _ 부화유충 시기
- 방법 _ 약종에 따라 1,000배 희석액을 7~10일 간격으로 2~3회 살포

회양목

가지에 기생하는 회양목깍지벌레(♀)

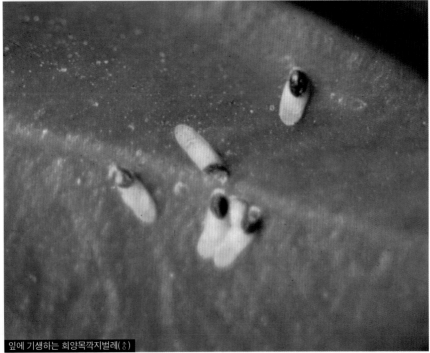

잎에 기생하는 회양목깍지벌레(♂)

회양목혹응애

학명 _ *Eriophyes buxis* Can

회양목혹응애 피해를 입은 나무

❶ 피해 상황

우리나라 전지역에 분포되어 있으며 피해가 경미하나 지역에 따라 피해가 심하게 나타난다.

❷ 피해 상태

신초의 생장이 정지되고 수형이 파괴되어 조경수로서의 가치가 상실된다. 피해는 눈에 충영이 생기는데 충영은 마치 꽃봉오리와 같은 모양을 하고 있다. 봄엔 충영이 회색을 띠다가 5~6월경이 되면 회색에서 흑갈색으로 되어 고사한다.

❸ 형태

충영의 크기는 10㎜ 내외로 그 속에 유충이 있다.

❹ 생활사

정확한 생태는 규명된 바 없으나, 9월 초순경, 회양목의 눈 속에 잠입하여 2~3회 번식한다.

❺ 방제법

- 약제 _ 디메토에이트 유제(로고, 록숀)
- 시기 _ 5~6월, 9월 초순
- 방법 _ 약종에 따라 500~1,000배 희석액을 7~10일 간격으로 3회 살포

회양목혹응애 충영

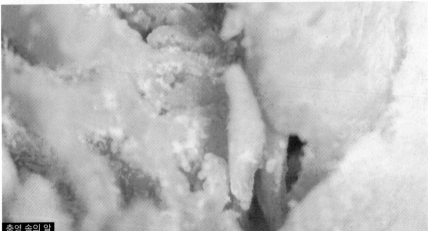
충영 속의 알

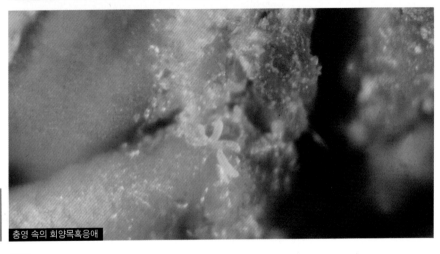
충영 속의 회양목혹응애

쥐똥나무진딧물

학명 _ *Aphis crinosa* Paik

쥐똥나무진딧물 피해를 입은 가지

❶ 피해 상황

지역에 따라 쥐똥나무에 피해가 종종 나타나며 피해가 심한 지역은 없다. 백당나무, 인동덩굴에도 피해가 나타난다.

❷ 피해 상태

가지에 많은 개체가 군서하며 수액을 흡수하여 신초 생장이 정지되고 잎이 황록색이 되며 조기 낙엽된다. 잎 뒷면에 솜 같은 이물질이 있다.

❸ 형태

유시충은 체색이 흑갈색이나 충체에 밀랍 가루가 분비되어 회색으로 보이며, 크기는 2.4㎜ 정도이다. 무시충은 체색이 적갈색이나 밀랍 가루로 덮여 있어 회색으로 보이며, 크기는 2.7㎜ 정도이다.

❹ 생활사

정확한 생활사는 규명된 바 없다.

❺ 방제법

- 약제 _ 아세페이트 수화제(오트란, 아시트, 골게터), 피리모 수화제
- 시기 _ 피해 발생 시
- 방법 _ 약종에 따라 1,000배 희석액을 줄기에 충분히 살포

쥐똥나무

205

쥐똥밀깍지벌레
학명 _ *Ericerus pela* (Chavannes)

쥐똥밀깍지벌레 피해를 입은 나무(우)

❶ 피해 상황
서울지방에 피해가 많으며 전국적으로 가로수, 정원수에 나타난다.

❷ 피해 상태
가지에 기생하며 수액을 흡수하기 때문에 나무가 쇠약해지고 조기 낙엽된다.

❸ 형태
암컷의 깍지는 원형 또는 원형에 가까운 타원형으로 회백색 또는 갈색의 광택이 있으며 크기는 10㎜ 내외이다. 수컷은 가지에 군서, 밀랍으로 덮여 있으며 밀랍의 길이는 20㎝ 이상 되는 것도 있다.

❹ 생활사
1년에 1회 발생하여 성충태로 월동하고 5월 하순경 원형의 깍지 속에 산란한다. 6~7월경부터 부화 약충이 나타나 가지로 빠르게 이동한다.

❺ 방제법
• 약제 _ 메티다티온 유제(수프라사이드),
　　　　페니트로티온 유제(스미치온)
• 시기 _ 피해 발생 시
• 방법 _ 약종에 따라 1,000배 희석액을 2~3회 가지에 충분히 살포

줄기에 기생하는 쥐똥밀깍지벌레(♂)

왕물결나방(쥐똥나방)

학명 _ *Brachmaea certhia* (Fabricius)

❶ 피해 상황

쥐똥나무, 사철나무, 수수꽃다리 등을 식해하며, 우리나라, 중국, 대만, 인도 등에서 서식한다.

❷ 피해 상태

유충의 크기가 매우 크며 섭식량이 많아 대부분의 잎을 갉아 먹는다.

❸ 형태

성충의 몸길이는 30~45㎜ 정도이며, 노숙유충의 몸길이는 70㎜ 정도로 흑갈색 무늬가 폭넓게 퍼져 있다.

❹ 생활사

1년에 1회 발생하며 흙 속에서 번데기로 월동한다. 유충은 4회 탈피하여 노숙유충이 되며 흙 속에서 번데기가 된다.

❺ 방제법

• 약제 _ 페니트로티온 유제(스미치온), 트리클로르폰 수화제(디프)

• 시기 _ 피해 발생 시

• 방법 _ 약종에 따라 1,000배 희석액을 살포

• 유의점 _ 개체수가 적을 때는 포살

매미나방(짚시나방)

학명 _ *Lymantria dispar* (Linnaeus)

매미나방 유충

❶ 피해 상황

매미나방은 세계적으로 분포하는 해충으로 침엽수와 활엽수를 가해하는 잡식성 해충이다.

❷ 피해 상태

유충은 주로 잎을 가해하며, 그 피해가 심한 경우 수목의 잎을 모두 가해하여 가지만 앙상하게 남게 된다.

❸ 형태

나방의 암수 모양과 크기가 전혀 다른 것이 특징이다. 유충의 몸길이는 5.5㎜ 정도이고 등에는 앞쪽으로 4쌍의 암청색 반점이 있고 뒤쪽으로는 6쌍의 암적색 반점이 나란히 있다.

❹ 생활사

1년에 1회 발생하고 수간이나 굵은 가지에서 난괴로 월동한다. 부화 시기는 4월 중순경이며 부화된 유충은 잎을 식해하며 성장, 6월 중순~7월 중순 사이에 번데기가 된다.

❺ 방제법

• 약제 _ 카바릴 수화제(세빈, 나크), 페니트로티온 유제(스미치온)
• 시기 _ 5월 초순
• 방법 _ 약종에 따라 500~1,000배 희석액을 살포

포플러

209

매미나방 알 덩어리

버들재주나방

학명 _ *Clostera anastomosis* (Linnaeus)

버들재주나방 피해 나무

❶ 피해 상황

일본, 중국, 인도, 시베리아, 유럽 등에 피해가 있으며 포플러의 주요 해충이고 우리나라에서는 피해가 전국적으로 발생한다.

❷ 피해 상태

알에서 부화된 유충은 군서하면서 잎의 엽육을 가해하며 성장, 나무 전체로 분산하여 가해한다. 피해가 심할 때에는 나뭇잎 전체가 남지 않을 정도로 피해가 크다.

❸ 형태

노숙유충은 35~40㎜ 정도이고 몸색깔은 암갈색으로 제2~3절의 등 위에는 2개씩의 적색 반점이 있다. 두부는 갈색, 충체의 배면은 흑색이다.

❹ 생활사

1년에 3~4회 정도 불규칙하게 발생하고 수피 틈이나 낙엽층의 엉성한 고치 속에서 어린 유충으로 월동한다. 월동한 유충은 4월 중·하순경 신초로 이동, 잎을 가해한다. 1화기 성충은 5월 하순~6월 초·중순경에 나타난다.

❺ 방제법

- 약제 _ 트리클로르폰 수화제(디프),
  디클로르보스 유제(DDVP)
- 시기 _ 피해 발생 시
- 방법 _ 약종에 따라 1,000배 희석액을 살포

버들재주나방 유충

꼬마버들재주나방 (미류재주나방)

학명 _ *Clostera anachoreta* (Denis et Schiffermüller)

꼬마버들재주나방 유충

❶ 피해 상황

우리나라를 비롯하여 일본, 중국, 만주, 인도 등에 분포되어 있으며 포플러류와 버드나무를 가해한다.

❷ 피해 상태

부화유충은 알을 낳고 무더기로 잎을 말거나 잎을 철하고 그 속에서 망상으로 엽육을 가해한다.

❸ 형태

유충의 몸길이는 40㎜ 정도이고 회갈색이며 등은 회색이다. 제4절과 12절 등에 검은 돌기가 있고 돌기는 적색으로 융기되어 있다.

❹ 생활사

1년에 2~3회 발생하며 번데기로 월동한다. 월동한 번데기는 6월 중·하순경 우화하여 잎 뒷면에 무더기로 산란한다. 지역과 시기에 따라 발생 횟수와 가해 시기가 불규칙하다.

❺ 방제법

• 약제 _ 트리클로르폰 수화제(디프),
　　　　페니트로티온 유제(스미치온)
• 시기 _ 피해 발생 시
• 방법 _ 약종에 따라 1,000배 희석액을 살포

포플러

황철나무잎벌레(사시나무잎벌레)

학명 _ *Chrysomela populi* Linnaeus

황철나무잎벌레 유충

❶ **피해 상황**

포플러류와 버드나무류에 피해를 주며 우리나라,
일본, 중국, 아프리카 등에 분포한다.

❷ **피해 상태**

성충과 유충이 모두 피해를 주는 대표적인 해충으
로 어린 유충은 잎 뒷면에 모여서 엽맥만 남기고
엽육을 섭식한다.

❸ **형태**

성충의 몸길이는 10~12㎜이고 광택이 있으나 우화
직후에는 황갈색을 띤다. 노숙유충은 등쪽에 2줄의
흑색 점이 있고 옆에는 2줄의 흑색 돌기가 있다.

❹ **생태**

1년에 2회 발생하며 지피물이나 흙 속에서 월동한다.

❺ **방제법**

• 약제 _ 페니트로티온 유제(스미치온),
　　　　트리클로르폰 수화제(디프),
　　　　카바릴 수화제(세빈, 나크)

• 시기 _ 유충 발생 시

• 방법 _ 약종별로 1,000배 희석액을 살포

황철나무잎벌레 성충

215

버들바구미

학명 _ *Cryptorhynchus lapathi* (Linnaeus)

❶ 피해 상황

수간을 가해하는 해충으로 수간 직경이 6㎝ 내외의 나무에 피해가 많다.

❷ 피해 상태

유충은 어린 묘목이나 유령목의 줄기를 수피와 인피부에서 가해하다가 노숙유충이 되면 목질부 속으로 식해하며 침입한다. 톱밥 같은 것이 수피 외부로 유출된다.

❸ 형태

성충의 몸길이는 8~10㎜이고 몸색깔은 흑갈색으로 암색의 인편이 등에 있다. 날개의 뒤쪽과 충체 아래에는 흰색의 인모가 덮여 있다.

❹ 생활사

1년에 1회 발생하며 우리나라 중부지방에서는 난태로 월동한다. 월동한 난은 4월 중순경 부화하여 가해한다. 용화 시기는 6월 중순~7월 중순경이며 성충의 우화 시기는 7월 초순~8월 중순경이다.

❺ 방제법

- 약제 _ 페니트로티온 유제(스미치온)와 다이아지논 유제(다이아톤) 혼합
- 시기 _ 7~8월
- 방법 _ 페니트로티온 유제(스미치온)와 다이아지논 유제(다이아톤)를 혼합한 200~300배 희석액을 줄기에 3~5회 충분히 살포

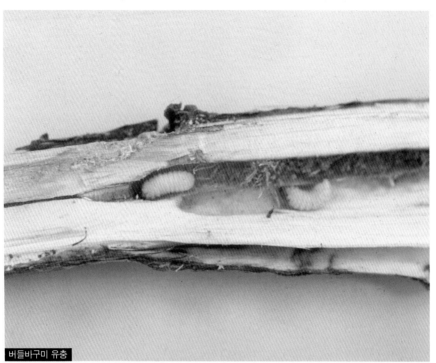

버들바구미 유충

버들바구미 번데기

217

박쥐나방
학명 _ *Endoclyta excrescens* (Butler)

❶ 피해 상황
지피식물이 많이 있거나 토양의 관리 상태가 불량한 지역에서 피해가 많이 나타난다.

❷ 피해 상태
피해 초기에는 인피부를 환상으로 가해하다가 줄기의 중심부로 식해, 상하로 이동하면서 가해하고 피해 부위에는 배설물과 실을 토하여 충영처럼 발생한다.

❸ 형태
성충의 몸길이는 34~45㎜이고 유충의 등에는 흑갈색의 경피판이 있다.

❹ 생활사
수종과 지역에 따라 1년에 1회 또는 2년에 1회 발생하며 중부지방에서는 1년에 1회 발생하는 것으로 추정된다. 우화 시기는 8월 하순~10월 초순이며 저녁에 활발히 활동하여 박쥐나방이란 해충명이 칭해졌다.

❺ 방제법
- 약제 _ 다이아지논 유제(다이아톤), 페니트로티온 유제(스미치온)
- 시기 _ 4월 하순, 페니트로티온 유제(스미치온), 6월, 다이아지논 유제(다이아톤)
- 방법 _ 페니트로티온 유제(스미치온) 1,000배 희석액을 초본식물에 살포하고 다이아지논 유제(다이아톤) 100배 희석액을 피해 구멍에 주입하고 막는다.

포플러

박쥐나방 유충

줄하늘소(피나무호랑하늘소)
학명 _ *Xylotrechus rusticus* (Linnaeus)

줄하늘소의 줄기 피해 상태

❶ 피해 상황

가해 수종은 이태리포플러, 황철나무, 사시나무, 피나무, 상수리나무, 버드나무, 자작나무 등이며, 우리나라, 일본, 중국, 유럽, 시베리아 등에서 피해가 보고된 바 있다.

❷ 피해 상태

나무가 굵고 수피가 두꺼운 노령목의 수간 인피부를 가해하는 해충으로 수간을 환상으로 가해, 수목을 고사시키며 배설물을 밖으로 배출하지 않는다.

❸ 형태

성충의 암컷은 21㎜, 수컷은 16㎜ 정도이며 황색 무늬가 충체에 나 있다.

❹ 생활사

1년에 1회 발생하고 성충의 우화 시기는 5월 15일부터 7월 초순까지 나타나며, 최성기는 6월 초순부터 6월 하순경이다. 유충태로 월동, 다음 해 5월경 용화되고 유충의 가해 시기는 6월~10월까지다.

❺ 방제법

● 약제 _ 다이아지논 유제(다이아톤),
　　　　　페니트로티온 유제(스미치온)
● 시기 _ 5월 하순~6월
● 방법 _ 2개의 약제 200~300배 혼합 희석액을
　　　　　7~10일 간격으로 3회 수간에 살포
● 유의점 _ 피해 발견 즉시 피해 부위 수피를 벗겨
　　　　　유충을 제거하고 상처 부위는 외과수술
　　　　　을 실시하여 유합조직을 형성

줄하늘소 성충

뽕나무하늘소
학명 _ *Apriona germarii*(Hope)

❶ 피해 상황

우리나라, 일본, 대만에 분포하며 포플러류, 자작나무, 가래나무, 밤나무, 뽕나무, 버즘나무, 장미, 벚나무 등 많은 나무를 가해하는 잡식성 해충이다.

❷ 피해 상태

줄기나 가지 속으로 침입해 위아래로 파고들어 긴 갱도를 만든다.

❸ 형태

성충의 몸길이는 36~45㎜ 정도이고 충체는 흑색이나 전체가 회황갈색의 미세한 털이 덮여 있어 황갈색으로 보이고 앞날개 기부 부분에 작은 흑색 돌기가 있으며, 앞가슴 등에는 흑색 돌기가 나 있다. 노숙유충의 몸길이는 60~70㎜이다.

❹ 생활사

1세대가 2~3년 소요되며 성충 출현은 6~7월이며 최성기는 6월 하순~7월 초순이다. 주로 10~20㎝의 가지에 산란한다.

❺ 방제법

- 약제 _ 페니트로티온 유제(스미치온), 다이아지논 유제(다이아톤)
- 시기 _ 7~8월
- 방법 _ 페니트로티온 유제(스미치온) 500배 희석액을 수간에 살포하고 배설물이 나오는 피해 구멍에 다이아지논 유제(다이아톤) 100배 희석액을 주입하여 갱도 내에 있는 유충 포살

포플러

포플러하늘소(작은별긴하늘소)
학명 _ *Compsidia populnea* Linneaus

❶ 피해 상황
포플러 조림지에 많이 발생되나 사시나무, 은백양나무, 황철나무에도 피해를 준다.

❷ 피해 상태
주로 작은 가지에 많으며 가지에 충영이 생기고 구멍이 나며 피해 가지는 2.5㎝ 내외로 가지의 중심부에 갱도를 만든다.

❸ 형태
성충의 몸길이는 11~14㎜이고 몸색깔은 흑색 바탕에 황색털이 나 있다. 유충의 몸길이는 10~15㎜로 일반 하늘소보다는 작다. 두부와 가슴은 갈색이고 충체는 유백색이다.

❹ 생활사
1년에 1회 발생하며 우화 시기는 4월 하순~5월 하순이다. 유충태로 월동한 후 3월 하순~5월경 번데기가 된다.

❺ 방제법
• 약제 _ 페니트로티온 유제(스미치온), 사이플루트린 수화제(스타터)
• 시기 _ 5월~6월 초순
• 방법 _ 약종에 따라 500~1,000배 희석액을 7~10일 간격으로 3회 수관에 살포

포플러

223

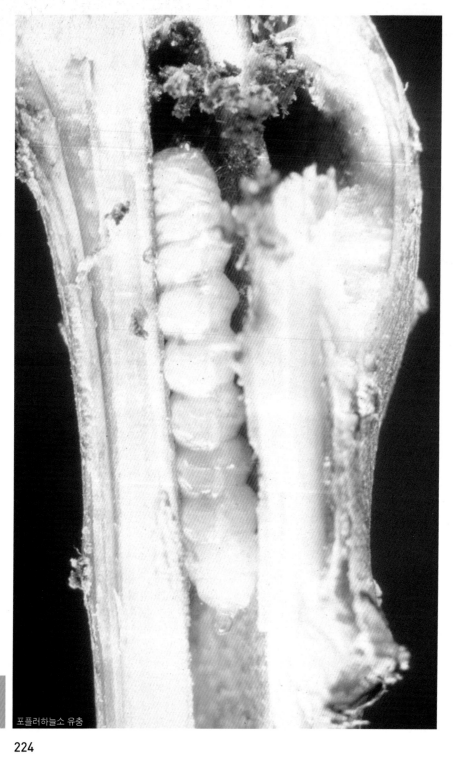

포플러하늘소 유충

가중나무껍질밤나방

학명 _ *Eligma narcissus* Cramer

가중나무껍질밤나방

❶ 피해 상황

우리나라, 일본, 중국에 서식하며 가중나무를 유충
기에 가해한다.

❷ 피해 상태

대발생하는 경우는 거의 없고 일시적으로 발생하
며 유충기에 군서하면서 잎을 식해한다.

❸ 형태

유충은 전체적으로 등황색이지만 각 마디 윗면에
검은 띠가 있고 황색의 긴 털이 나 있다.

❹ 생활사

1년에 1회 발생하는 것으로 추정된다.

❺ 방제법

대발생하는 경우는 거의 없으므로 유충이 군서하
고 있는 잎을 제거하는 것이 효과적이다.

가중나무고치나방(가중나무산누에나방)

학명 _ *Samia cynthia* Drury

❶ 피해 상황
가중나무, 소태나무, 붉나무, 상수리나무 등을 가해하며, 우리나라, 일본, 중국, 인도, 유럽 등에 분포한다.

❷ 피해 상태
유충이 대형으로 대발생하면 섭식량이 많아 잎은 거의 찾아보기 힘들다.

❸ 형태
유충의 몸길이는 50㎜ 정도로 어린 유충기에는 담황색이지만 성장하면 담청록색이 된다.

❹ 생활사
1년에 2회 발생하며 번데기로 월동하고 성충은 6월과 8월에 우화하고 유충은 7~8월, 9~10월에 나타난다.

❺ 방제법
• 약제 _ 페니트로티온 유제(스미치온), 트리클로르폰 수화제(디프)
• 시기 _ 유충 발생 시
• 방법 _ 약종에 따라 1,000배 희석액을 살포

개나리잎벌
학명 _ *Apareophora forsythiae* Sato

❶ 피해 상황
우리나라 개나리에 피해가 많다. 지역에 따라 피해 규모에 차이가 있으며, 1996~1998년 서울지방에 대규모 피해가 발생했다.

❷ 피해 상태
4월 하순~5월 초순경 군서하면서 잎을 가해, 줄기만 남기고 잎은 거의 없는 상태가 되고 피해가 심할 때에는 지표면으로 낙하, 다른 개나리로 이동하기도 한다.

❸ 형태
노숙유충은 흑색으로 갈색 털이 나 있으며 크기는 16㎜ 정도이다.

❹ 생활사
1년에 1회 발생되며 노숙유충은 땅속에서 월동하고 다음 해 4월경 우화, 개나리의 미개엽 발아 직후 조직 속에 1~2열로 산란하며 유충태로 월동한다.

❺ 방제법
• 약제 _ 트리클로르폰 수화제(디프),
　　　　 클로르피리포스 수화제(더스반)
• 시기 _ 4월 중 · 하순
• 방법 _ 약종에 따라 1,000배 희석액을 살포

개나리

227

어릴 때 군서하는 모습

분산해서 가해하는 유충

개나리좀검정잎벌
학명 _ *Macrophya timida* Smith

개나리좀검정잎벌 가해 상태

❶ 피해 상황

광나무, 쥐똥나무, 개나리에 피해를 주며 우리나라, 일본에 분포하고 있다.

❷ 피해 상태

4~5월부터 잎 가장자리부터 식해한다.

❸ 형태

유충의 몸길이는 22㎜ 정도이며 머리는 황갈색, 눈은 흑색이고, 몸은 회녹색의 두꺼운 밀랍 물질로 덮여 있다.

❹ 생태

1년에 1회 발생하며 흙 속의 고치 내에서 노숙유충으로 월동한다.

❺ 방제법

• 약제 _ 페니트로티온 유제(스미치온), 트리클로르폰 수화제(디프)

• 시기 _ 피해 발생 시

•방법 _ 약종에 따라 1,000배 희석액을 살포

개
나
리

개나리좀검정잎벌 가해 상태

구기자혹응애
학명 _ *Eriophyes macrodonis* Keifer

구기자혹응애 피해 잎

❶ 피해 상황

피해가 많이 나타나지 않으나 전주지역의 구기자
잎에 피해가 심하였다.(1995년)

❷ 피해 상태

다수의 잎에 적갈색의 충영이 생기며 잎 가장자리
가 갈색으로 변하며 안쪽으로 말린다.

❸ 생활사

눈의 인편이나 결과지 사이에서 월동한다. 자세한
생태는 조사되지 않음

❹ 방제법

회양목혹응애 참조

구기자혹응애 성충

밤바구미
학명_ *Curculio sikkimensis* (Heller)

❶ 피해 상황
우리나라 전역에서 분포되어 피해를 가하는 밤의 종실 해충이며 중국, 일본, 러시아에 분포되어 있다.

❷ 피해 상태
밤의 구멍을 뚫으면서 유백색의 유충이 나온다.

❸ 형태
성충의 몸길이는 6~10㎜ 정도이고 갈색 또는 회갈색 바탕에 회황색 작은 털이 나 있다. 알의 직경은 1.5㎜ 정도이고 타원형으로 유백색이다. 노숙유충은 12㎜ 정도로 두부는 갈색, 충체는 유백색이다.

❹ 생활사
1년에 1회 발생된다. 땅속에 흙으로 둥지를 짓고 유충태로 월동한다. 7~9월까지 성충이 출현하여 산란한다. 2년에 1회 발생하는 개체도 있다고 기록된 바 있다.

❺ 방제법
성충의 산란 시기인 8월 중순~9월 초순 카바릴 수화제(세빈, 나크)를 2~3회 밤송이를 중심으로 살포하여 성충을 제거한다. 수확 즉시 훈증시키도록 한다. 농가에서는 수확한 밤을 비닐 속에 넣고 인화늄 정제를 1㎥ 당 3~6g을 주입한 후 밀봉하여 24시간 이상 훈증시킨다.

토양에서 월동하는 유충

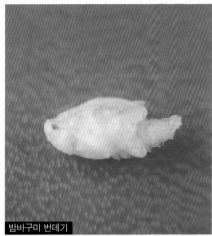
밤바구미 번데기

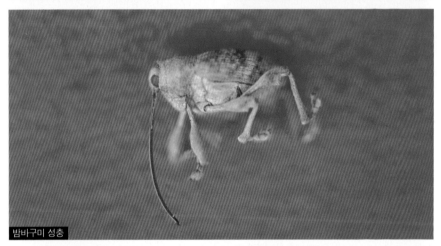
밤바구미 성충

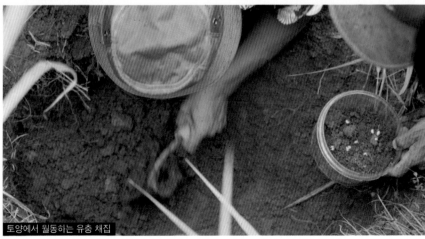
토양에서 월동하는 유충 채집

참나무류

복숭아명나방

학명 _ *Dichocrocis punctiferalis* (Guenée)

❶ 피해 상황

1화기 피해는 복숭아, 자두, 배나무, 사과나무 등의 과실이나 신초를 가해하다가, 2화기에 밤나무의 종실에 피해를 준다.

❷ 피해 상태

밤송이의 가시를 가해하다가 밤송이를 뚫고 침입, 밤을 가해한다. 밤을 수확하면 밤에 구멍이 나 있고 밤송이 속에 유충의 배설물이 거미줄처럼 나 있다.

❸ 형태

성충의 앞날개 길이가 11~14㎜이며 등황색 바탕에 20여 개의 흑색 반점이 있다. 유충의 몸길이는 20~25㎜ 정도이고 두부는 흑갈색, 충체는 담홍색으로 갈색 반점이 충체에 산재되어 있다.

❹ 생활사

1년에 2회 발생하며 유충으로 월동, 봄이 되면 번데기가 되어 5월 하순~6월경에 성충으로 우화하여 복숭아 등 기타 과실의 표면에 산란한다. 7월 하순~8월 중순경 2화기 성충이 출현, 9월 중·하순~10월 초순경 줄기의 수피 틈에서 엉성한 고치를 만들고 그 속에서 월동한다.

❺ 방제법

• 약제 _ 카바릴 수화제(세빈, 나크), 트리클로르폰 수화제(디프)

• 시기 _ 7월 하순~8월 중순(밤송이 가시가 밤색으로 나타남)

• 방법 _ 약종에 따라 1,000배 희석액을 2~3회 살포

참나무류

복숭아명나방 어린 유충

복숭아명나방 노숙유충

밤나무혹벌

학명 _ *Dryocosmus kuriphilus* Yasumatsu

❶ 피해 상황

1958년 충북 단양에서 발견된 이후 전국의 밤나무에 피해가 나타나 우리나라 재래종 밤나무 대부분이 고사되었고 일부만 남아 있다.

❷ 피해 상태

밤나무 눈에 10~15㎜의 충영이 발생되어 신초가 생장하지 않고 작은 잎에 다수의 충영이 총생하며 개화 결실이 불가능하게 되고 충영은 7월 하순부터 갈색으로 마른다.

❸ 형태

충영 속에서 탈출한 성충은 벌이 되며, 그 몸길이는 3㎜ 내외이고 흑갈색의 광택이 나고 유충은 유백색으로 2~2.5㎜ 내외이고 충영 속에 있다.

❹ 생활사

1년에 1회 발생하며 밤나무 눈에서 유충태로 월동한다. 노숙유충은 6월 상순~7월 상순에 충영 속에서 번데기가 되고 6월 하순~7월 하순 사이에 충영에서 성충이 탈출한다.

❺ 방제법

약제살포에 의한 방제, 수간주사에 의한 방제는 전혀 효과가 없으므로 내충성 품종을 식재한다. 내충성 품종으로는 산목율, 순역, 옥광율, 삼림 등 토착종이나, 수입종인 유마, 은기, 이취, 축파, 단택, 삼조생, 이평 등으로 품종을 갱신한다.

참나무류

237

밤나무혹벌 충영

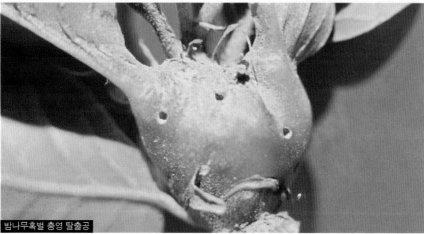

밤나무혹벌 충영 탈출공

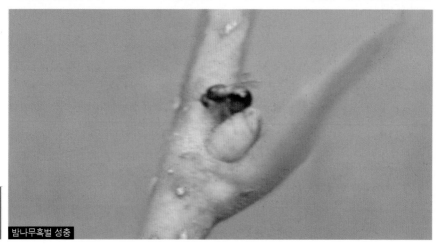

밤나무혹벌 성충

어스렝이나방

학명 _ *Dictyploca japonica* (Moore)

❶ 피해 상황

플라타너스, 참나무, 호두나무, 은행나무를 가해하
기도 하며, 우리나라, 일본, 시베리아 등에 분포되
어 있다.

❷ 피해 상태

은행나무의 어스렝이나방 참조

❸ 형태

은행나무의 어스렝이나방 참조

❹ 생활사

은행나무의 어스렝이나방 참조

❺ 방제법

은행나무의 어스렝이나방 참조

어스렝이나방 번데기

어스렝이나방 알 덩어리

밤나무둥근깍지벌레

학명 _ *Comstockaspis macroporana* (Takagi)

밤나무둥근깍지벌레

❶ 피해 상황

1988년경 경기도 여주군에서 최초로 발견되었으며 밤나무, 상수리나무, 서어나무, 자작나무류에 발생된다.

❷ 피해 상태

줄기나 가지에 붙어 수액을 흡수하기 때문에 가지가 고사된다.

❸ 형태

암컷의 깍지는 회갈색이며 크기는 2㎜ 내외로 원형이다. 표면이 매끈하고 검은색 또는 회갈색의 뚜렷하지 않은 줄무늬가 있다. 중앙이 약간 융기되었으며 정점은 회색이고, 충체는 담황색이다.

❹ 생활사

1년에 2회 발생되며 부화약충 시기는 6월 초순~7월 초순이며, 2화기는 9월 초순~10월 초순이다. 깍지 속에서 약충태로 월동, 다음 해에 성충이 되어 교미한 후 깍지 속에 산란하고 6월경에 부화약충이 출현한다.

❺ 방제법

- 약제 _ 페니트로티온 유제(스미치온),
  메티다티온 유제(수프라사이드),
  기계 유제
- 시기 _ 6월 초순~7월 초순, 9월 초순~10월 초순, 동절기
- 방법 _ 약종에 따라 1,000배 희석액을 7~10일 간격으로 3회 살포하고 기계 유제는 동절기에 20배 희석액을 줄기와 가지에 고루 살포

참나무류

241

도토리거위벌레

학명 _ *Mecorhis ursulus* (Roelofs)

도토리거위벌레 피해에 의한 낙엽

❶ 피해 상황
우리나라 참나무에 피해가 있다. 중부지방에 피해가 많이 나타나고 있다.

❷ 피해 상태
참나무류의 종실인 도토리에 주둥이로 구멍을 뚫은 후 산란하고 도토리가 달린 가지(잎 3~4개 달린)를 땅으로 낙하시킨다.

❸ 형태
성충의 몸길이는 약 9㎜이며 몸색깔은 흑색 내지 암갈색으로 날개에는 회황색의 털이 밀생하고 있으며 날개의 길이와 비슷한 긴 주둥이가 있다.

❹ 생활사
1년에 1회 발생하고 땅속에서 흙으로 둥지를 짓고 그 속에서 노숙유충태로 월동한다. 5월 하순경 번데기가 되고 7월 하순~9월 중 · 하순경에 출현한다.

❺ 방제법
- 약제 _ 페니트로티온 유제(스미치온), 치아메톡삼 입상수화제
- 시기 _ 8월 초순~9월 초순
- 방법 _ 약종에 따라 1,000배 희석액을 7~10일 간격으로 3회 살포

도토리거위벌레 성충

도토리거위벌레 유충

낙엽된 도토리 속에 산란되어 있는 상태

낙엽된 도토리 속에 산란되어 있는 상태

털두꺼비하늘소

학명 _ *Moechotypa diphysis* (Pascoe)

❶ 피해 상황

주로 고사목, 벌채된 지 얼마 되지 않은 원목에 산란한다. 참나무, 상수리나무, 졸참나무, 밤나무, 가시나무, 개서어나무, 굴피나무에 피해를 준다.

❷ 피해 상태

유충은 각종 활엽수의 고사목 수피 밑을 가해한다. 우리나라에서는 표고용 참나무의 수피 밑을 가해하며 톱밥 같은 목질이 나온다.

❸ 형태

성충의 몸길이는 15~30㎜ 정도이며 암컷은 평균 21~23㎜, 수컷은 20~22㎜이다. 몸색깔은 흑색이며 흑갈색 또는 담적갈색의 미세한 털이 나 있다. 등에는 적갈색 털이 나 있고 등 앞쪽에는 2개의 돌기가 있으며 흑갈색 털이 밀생되어 있다.

❹ 생활사

성충태로 월동하고 1년에 1회 발생한다. 월동한 성충은 4월~6월까지 산란하고 최고 산란 기간은 5월 초순~6월 중순이다. 8월 초순경부터 가해 부위에 타원형의 용실을 만들고 번데기가 된다. 8월 하순 ~10월 하순에 우화한다.

❺ 방제법

• 약제 _ 페니트로티온 유제(스미치온), 메탐소듐 액제(킬퍼)
• 시기 _ 5월 초순~6월 중순
• 방법 _ 페니트로티온 유제(스미치온) 350~500배 희석액을 7~10일 간격으로 3회 원목에 살포하고 피해목은 킬퍼로 훈증한다.

참나무류

털두꺼비하늘소 짝짓기

털두꺼비하늘소 유충

하늘소(미끈이하늘소, 참나무하늘소)

학명 _ *Massicus raddei* (Blessig)

하늘소 성충(♂)

❶ 피해 상황

우리나라 밤나무, 참나무류의 고목에 피해가 많다. 일본, 중국, 시베리아에 분포되어 있으며 오동나무, 붉가시나무, 구실잣밤나무에도 피해를 가한다.

❷ 피해 상태

부화된 유충이 수피에 작은 구멍을 뚫고 톱밥을 외부로 배출하고, 형성층과 목질부를 가해하여 수액 이동을 차단시키며 재질을 저하시킨다.

❸ 형태

대형 하늘소의 일종으로 성충은 50~60㎜이고 두부에는 미세한 주름 모양의 점핵이 있고 앞가슴에는 큰 주름이 있으며 날개 끝에 짧은 가시가 있다.

❹ 생활사

2년에 1회 발생하나 3~4년 걸리는 것도 있다고 한다(일본산림해충). 정확한 생태는 밝혀진 바 없다.

❺ 방제법

- 약제 _ 페니트로티온 유제(스미치온),
다이아지논 유제(다이아톤),
메탐소듐 액제(킬퍼)
- 시기 _ 6~8월
- 방법 _ 페니트로티온 유제(스미치온) 300~500배 희석액을 수간에 살포하거나 다이아지논 유제(다이아톤) 100배 희석액을 피해 구멍에 주입하여 제거하고, 피해목은 킬퍼로 훈증함

하늘소 성충(우)

독나방

학명 _ *Euproctis subflava* (Bremer)

❶ 피해 상황

우리나라 전역에 피해가 나타나며 때로는 대규모로 발생되어 참나무는 물론 인체에도 많은 피해를 준다.

❷ 피해 상태

많은 수종의 잎을 가해한다. 부화유충은 잎 뒷면에 군서, 망상으로 잎을 가해하나 성장함에 따라 분산하여 가해한다.

❸ 형태

노숙 유충은 몸길이가 35㎜ 정도이고, 제1~4배마디 등면에 털무더기가 있으며 충체에 많은 돌기가 있고 긴 털이 나 있다.

❹ 생활사

1년에 1회 발생하고 1~2령충으로 잡초와 낙엽 사이에 천막을 치고 월동하며 4월 하순~5월에 나와 새 잎에서 군서하면서 가해한다.

❺ 방제법

• 약제 _ 트리클로르폰 수화제(디프)
• 시기 _ 4월 하순~5월 하순
• 방법 _ 1,000배 희석액을 잎 뒷면에 충분히 살포

참나무재주나방(끝노랑참자나무재주나방)

학명 _ *Phalera assimilis* (Bremer et Gray)

참나무재주나방 유충

❶ 피해 상황

매년 차이가 있지만 우리나라 참나무에 대발생되며, 단목으로 피해가 심한 경우도 있다.

❷ 피해 상태

유충이 군서하여 잎을 모두 식해한다. 가지에 노숙유충이 군서하여 발견이 용이하다.

❸ 형태

성충의 날개를 편 길이가 암컷 60㎜, 수컷 50㎜ 정도이며 앞날개 끝 부분에 황백색 띠가 있다.

❹ 생활사

1년에 1회 발생하고 땅속에서 번데기 상태로 월동, 6~8월경 성충이 나타나 잎 뒷면에 무더기로 산란한다. 노숙유충은 땅속으로 내려와 흙 속으로 들어가 번데기가 된다.

❺ 방제법

• 약제 _ 트리클로르폰 수화제(디프)
• 시기 _ 8~9월
• 방법 _ 1,000배 희석액을 살포

참나무재주나방의 가해하는 모습

붉은머리재주나방

학명 _ *Phalera minor* Nagano

붉은머리재주나방의 가해 상태

❶ 피해 상황

참나무재주나방 참조

❷ 피해 상태

참나무재주나방 참조

❸ 형태

성충의 앞날개 길이가 수컷은 21~25㎜, 암컷은
26~28㎜이며 앞날개 끝 부분에 황백색의 무늬가
있다. 유충은 두부가 적색이며 체색이 적갈색으로
무늬가 없고 긴 털이 나 있다. 몸길이는 50㎜이다.

❹ 생활사

1년에 1회 발생하고 흙 속에서 번데기로 월동, 7~8
월경 성충이 출현한다. 노숙유충은 군서하면서 가
해하며 자극을 주면 충체를 흔드는 특성이 있다.

❺ 방제법

참나무재주나방 참조

갈무늬재주나방

학명 _ *Phalerodonta manleyi* (Leech)

갈무늬재주나방의 가해 상태

❶ 피해 상황

1965~1970년경에 우리나라 참나무류에 피해가 심하였다. 여주지방의 참나무림에 대규모 피해를 가해하여 잎이 거의 없는 상태가 되었으며, 전국 참나무에 국부적으로 많은 피해를 주었다.

❷ 피해 상태

군서하며 잎을 모두 가해하고 주맥만 남기는 특성이 있고 노숙유충은 군서하여 쉽게 발견된다. 참나무재주나방, 붉은머리재주나방과 더불어 참나무의 식엽성 3대 해충이다.

❸ 형태

성충의 몸길이는 23㎜이고 날개를 편 길이가 45㎜ 정도이고 알은 엷은 흰색으로 무더기로 산란되어 있다. 부화유충은 회색이나 노숙유충은 황갈색에 충체에는 무늬가 산재되어 있다.

❹ 생활사

1년에 1회 발생되며 1년생 가지에 난괴로 월동하고 5월경 부화하여 군서하면서 가해한다. 6월 하순경에 고치를 짓고 번데기가 되며 10월~11월 초순경 우화하여 가지에 무더기로 산란한다.

❺ 방제법

• 약제 _ 트리클로르폰 수화제(디프)
• 시기 _ 5~6월
• 방법 _ 1,000배 희석액을 살포

갈무늬재주나방 유충

갈무늬재주나방 알

야마다나방(도토리나방)

학명 _ *Kunugia yamadai* (Nagano)

❶ 피해 상황
우리나라, 일본에 분포하고 참나무류, 포플러류, 가시나무에 피해를 가한다.

❷ 피해 상태
대형 곤충으로 주로 야간에 분산하여 잎을 가해하며 주간에는 한곳으로 모이는 특성이 있다.

❸ 형태
성충은 날개를 편 길이가 70~110㎜로 대형이고 충체와 날개는 회백색이며 수컷은 앞날개 중앙부와 끝 부분에 1개씩 흰 무늬가 있다. 노숙유충은 100㎜ 정도로 크며 회갈색의 긴 털이 밀식되어 많이 나 있다.

❹ 생활사
1년에 1회 발생하고 수간의 갈라진 수피 틈에 무더기로 산란된 난태로 월동하고 8월 중순경 번데기가 되고 10월 중순~11월경 우화하여 수피에 산란한다.

❺ 방제법
• 약제 _ 트리클로르폰 수화제(디프)
• 시기 _ 5~6월
• 방법 _ 1,000배 희석액을 살포

가시나무어리공깍지벌레

학명 _ *Lecanodiaspis quercus* Cockerell

가시나무어리공깍지벌레 피해를 입은 나무

❶ 피해 상황

가시나무, 참나무, 밤나무 등의 가지와 줄기에 기생하며 우리나라, 일본 등지에 분포한다.

❷ 피해 상태

피해가 심할 경우에는 나무가 말라 죽고 또한 그을음병을 일으켜 수세 쇠약의 원인이 되게 한다.

❸ 형태

암컷은 몸길이 약 4㎜, 너비 약 2.5㎜, 높이 약 2㎜이다. 몸은 원형에 가까운 타원형으로 볼록하며 밀랍막으로 덮여 있다. 몸색깔은 황갈색 또는 회갈색이며 한가운데 선은 솟아올라 있고 약 10개의 작은 혹이 있다.

❹ 생태

1년에 1회 발생하여 2령충으로 월동하고, 5월에 성숙하여 산란한다. 유충은 6월 중순과 하순에 나타나서 바로 정착생활을 시작한다.

❺ 방제법

- 약제 _ 페니트로티온 유제(스미치온), 메티다티온 유제(수프라사이드)
- 시기 _ 5월 중순~6월
- 방법 _ 약종에 따라 1,000배 희석액을 10일 간격으로 3회 살포

가시나무어리공깍지벌레 피해를 입은 가지

피해 가지의 확대

성충

대벌레
학명 _ *Baculum elongatum* Thunberg

대벌레 성충

❶ 피해 상황

참나무류, 생강나무 등에 피해를 주며 우리나라, 일본 등에 분포한다.

❷ 피해 상태

잎을 식해하며 대발생할 경우 큰 피해가 나타난다.

❸ 형태

성충의 몸길이는 10㎝ 내외이다. 몸색깔은 담녹색으로 등쪽에 뚜렷하지 않은 붉은 띠가 있다.

❹ 생태

1년에 1회 발생하며 난태로 월동한다. 약충은 암컷이 6회, 수컷이 5회 탈피하여 6월 중·하순에 성충이 된다.

❺ 방제법

• 약제 _ 펜토에이트 유제(파프),
　　　　페니트로티온 유제(스미치온)

• 시기 _ 유충 발생 시

• 방법 _ 1,000배 희석하여 수관에 충분히 살포

한일무늬밤나방

학명 _ *Orthosia carnipennis* Butler

❶ 피해 상황

우리나라, 일본, 중국, 대만 등에 분포하며 벚나무, 사과나무, 배나무, 참나무류, 포플러류, 버드나무류, 굴피나무 등에 피해를 준다.

❷ 피해 상태

잎을 세로로 접고 그 속에서 생활하면서 잎을 가해한다.

❸ 형태

노숙유충의 몸길이는 40㎜ 정도로 머리는 적갈색이고 몸색깔은 짙은 회색 바탕에 검은 선이 파상으로 산재해 있다.

❹ 생태

1년에 1회 발생하며 번데기로 월동한다. 4월에 우화하며 유충은 5월 초순부터 출현한다.

❺ 방제법

- 약제 _ 트리클로르폰 수화제(디프), 페니트로티온 유제(스미치온)
- 시기 _ 유충 발생 시
- 방법 _ 1,000배로 희석하여 1~2회 살포

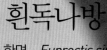

흰독나방

학명 _ *Euproctis similis* Fuessly

흰독나방 흑갈색형 유충

❶ 피해 상황

우리나라, 일본, 중국, 유럽에 분포하며 벚나무, 사
과나무, 배나무, 참나무류, 느티나무, 버드나무류
등을 가해한다.

❷ 피해 상태

벚나무와 버드나무류에 대발생하며 잎을 식해한
다. 성충과 유충에 독모가 있어 피부에 닿으면 통증
을 일으킨다.

❸ 형태

유충의 몸길이는 25㎜이고 색깔에 따라 황색형과
흑갈색형으로 나뉘어진다.

❹ 생태

1년에 2회 발생하며 유충으로 월동한다. 1화기 성
충은 6월에, 2화기 성충은 8~9월에 출현한다.

❺ 방제법

- 약제 _ 페니트로티온 유제(스미치온),
         트리클로르폰 수화제(디프)
- 시기 _ 피해 발생 시
- 방법 _ 약종에 따라 1,000배 희석액을 1~2회 살포

참나무류

259

흰독나방 황색형 유충

졸참나무테두리깍지벌레

학명 _ *Asterolecanium album* Take Hashi

❶ **피해 상황**

심하게 나타나지는 않고 있다.

❷ **피해 상태**

잎에 기생하며 수액을 흡수하여 수세 쇠약이 된다.

❸ **생활사**

1년에 2회 발생하는데 1회는 5월, 2회는 8월에 나
타난다. 정확한 생활사는 알려지지 않았다.

❹ **방제법**

• 약제 _ 페니트로티온 유제(스미치온),
　　　　 메티다티온 유제(수프라사이드)

• 시기 _ 피해 발생 시

• 방법 _ 약종에 따라 1,000배 희석액을 살포

참나무류

졸참나무테두리깍지벌레 성충

주둥무늬차색풍뎅이

학명 _ *Adoretus tenuimaculatus* Waterhouse

주둥무늬차색풍뎅이 성충

❶ 피해 상황

사과나무, 배나무, 감나무, 포도나무, 참나무류, 오리나무, 호두나무, 버드나무류에 피해를 주며 우리나라, 중국, 일본, 대만, 인도 등에 분포한다.

❷ 피해 상태

성충이 기주식물의 엽맥만 남기고 식해한다.

❸ 형태

성충의 몸길이는 9.5~12㎜ 정도이고 몸색깔은 농갈색이다. 앞날개에 백색의 짧은 털로 된 점상의 무늬가 있다.

❹ 생태

1년에 1회 발생하며 주로 성충으로 월동하여 이듬해 5~6월 잎을 식해한다.

❺ 방제법

- 약제 _ 지오릭스 유제(지오릭스),
  페니트로티온 유제(스미치온),
  트리클로르폰 수화제(디프),
  다이아지논 유제(다이아톤)
- 시기 _ 5월~7월 피해 발생 시기
- 방법 _ 약제에 따라 1,000~2,000배로 희석하여 수관에 살포. 약제에 따라 300~500배로 희석하여 토양관주(지오릭스, 다이아지논)

콩풍뎅이(참콩풍뎅이)

학명 _ *Popilla mutans* Newmann

❶ 피해 상황

상수리나무, 사과나무, 감나무, 복숭아나무, 오리나무 등에 피해를 주며 우리나라, 일본, 북아메리카에 분포한다.

❷ 피해 상태

성충이 기주식물의 꽃과 잎을 식해한다.

❸ 형태

성충의 몸길이는 10~12㎜이며 몸색깔은 광택을 띤 암갈색이다.

❹ 생태

1년에 1회 발생하며 흙에서 유충으로 월동하고 성충은 5~7월에 우화하여 수목을 가해한다.

❺ 방제법

주둥무늬차색풍뎅이 참조

구리풍뎅이

학명 _ *Anomala cuprea* (Hope)

구리풍뎅이 성충

❶ 피해 상황

삼나무, 편백나무, 참나무류, 포플러류의 묘목 뿌리
를 가해하며 우리나라, 일본, 만주 등에 분포한다.

❷ 피해 상태

성충은 밤나무, 참나무류, 포플러류의 잎을 식해하
고, 유충은 각종 묘목의 뿌리를 잘라 먹거나 껍질을
갉아 먹는다.

❸ 형태

성충의 몸길이는 18~24㎜ 정도이며 몸색깔은 동
색이고 풍뎅이류 가운데 대형종이다.

❹ 생태

보통 1년에 1회 발생한다. 성충은 7~9월에 출현하
며 2~3령충으로 월동한다.

❺ 방제법

주둥무늬차색풍뎅이 참조

애청동풍뎅이(애초록풍뎅이)

학명 _ *Anomala viridana* Kolbe

❶ 피해 상황

성충은 참나무류, 오리나무류, 사과나무 등을 식해하며, 유충은 각종 수목의 묘목 뿌리를 가해한다.

❷ 피해 상태

성충은 낮에 엽맥만 남기고 갉아 먹으며, 유충은 수목의 뿌리를 가해하여 고사시킨다.

❸ 형태

성충의 몸길이는 약 8㎜이고 녹색~차갈색이다. 날개는 10줄의 점각이 있고 광택이 나며 매끈하다.

❹ 생태

1년에 1회 발생하며 유충으로 월동하다 6월 중순~8월 초순에 우화한다.

❺ 방제법

잡초 제거를 하며 산란기에 토양살충제를 살포한다. 주둥무늬차색풍뎅이 참조

참나무류

266

동백나무의 뿔밀깍지벌레

학명 _ *Ceroplastes ceriferus* (Fabricius)

동백나무의 뿔밀깍지벌레 성충

❶ 피해 상황

남부 지방의 동백나무에 피해가 나타나고 있다. 산림보다는 정원수, 공원수, 도로변 수목에 피해가 심하다.

❷ 피해 상태

가지나 잎에 붙어서 수액을 흡수, 수세를 쇠약하게 한다. 6~8㎜ 정도의 둥근 원형이며 백색 밀랍으로 덮여 있어 쉽게 발견된다.

❸ 형태

버즘나무의 뿔밀깍지벌레 참조

❹ 생활사

버즘나무의 뿔밀깍지벌레 참조

❺ 방제법

버즘나무의 뿔밀깍지벌레 참조

탱자소리진딧물

학명 _ *Toxoptera aurantii* (Boyer de Fonscolombe)

탱자소리진딧물

❶ 피해 상황

동백나무, 조록나무, 감귤나무, 차나무 등을 흡즙 가해하며, 우리나라, 일본, ·중국, 호주, 뉴질랜드, 아프리카, 유럽 등에 분포한다.

❷ 피해 상태

기주식물의 잎 뒷면에 군서하며 흡즙 가해한다. 귤나무는 엽병에 군서하면서 흡즙 가해하므로 조기 낙과되는 피해를 받는다.

❸ 형태

무시태생 암컷 성충의 몸길이는 1.5㎜ 정도이고, 타원형으로 갈색 또는 암갈색을 띤다.

❹ 생활사

알로 월동한다.

❺ 방제법

- 약제 _ 델타린 유제(데시스)
- 시기 _ 피해 발생 시
- 방제 _ 1,000배로 희석하여 충분히 살포

차독나방

학명 _ *Euproctis pseudoconspersa* (Strand)

차독나방 유충

❶ 피해 상황

동백나무, 벚나무, 매실나무, 귤나무류 등을 가해하며, 우리나라, 일본, 중국, 대만에 분포한다.

❷ 피해 상태

돌발적으로 발생하여 잎을 식해하는 해충이다. 어린 유충기에는 엽육만을 식해하여 잎이 갈색으로 변한다. 성충, 유충, 고치, 난괴에 독침이 있어 피부에 닿으면 통증을 일으킨다.

❸ 형태

유충은 몸길이가 25㎜ 내외로 담황갈색 바탕에 흑갈색의 혹이 여러 개 솟아 있고 흰색의 긴 털이 나있다.

❹ 생활사

1년에 2회 발생하고 가지나 잎 뒷면에서 난괴로 월동한다. 4월 중순~6월, 7월~9월 유충이 발생하고 1화기 성충은 7~8월, 2화기 성충은 9~10월에 나타난다.

❺ 방제법

• 약제 _ 트리클로르폰 수화제(디프),
　　　　페니트로티온 유제(스미치온)
• 시기 _ 유충 발생 시
• 방법 _ 약종에 따라 1,000배 희석액을 살포
• 유의점 _ 군서 유충 포살

동백나무의 응애류
학명_ Mite

응애 피해를 입은 잎

❶ 피해 상황
차먼지응애(*Polyphagotarsonemus latus*), 동백나
무먼지응애(*Tarsonemus oceidentalis Ewing*), 차
응애(*Tetranychus kanzawai Kishida*) 등이 우리나
라에 기록되어 있으며, 귤나무, 차나무 등 많은 활
엽수에 피해를 가하고 있다.

❷ 피해 상태
잎이 퇴색되어 조기 낙엽된다. 잎 뒷면을 관찰하면
먼지 같은 미세한 약충의 이동을 볼 수 있으며 밀
가루 같은 난각이 보인다.

❸ 형태
0.3㎜ 이하의 작은 먼지 같은 약충이 관찰된다. 돋
보기나 실체 현미경으로 보면 다리가 4쌍으로 거
미과에 속한다.

❹ 생활사
1년에 5회~10회 정도 발생하고 고온 건조 시에 피
해가 많다. 정확한 생태는 조사된 바 없다.

❺ 방제법
- 약제 _ 테부펜피라드 수화제(피라니카)
- 시기 _ 피해 발생 시
- 방법 _ 2,000배 희석액을 10일 간격으로 2~3회
  살포

응애 피해 잎과 잎 뒷면

뽕나무이
학명 _ *Anomoneura mori* Schwarz

❶ 피해 상황
뽕나무, 산뽕나무에서 피해가 종종 나타나며 우리나라, 일본 등에 분포한다. 특히 공원의 뽕나무에 피해가 많이 나타난다.

❷ 피해 상태
잎 뒷면에 약충이 수액을 흡수하는 흡수성 해충으로 피해 잎은 축엽되며 황색으로 변하며 조기 낙엽된다. 약충의 충체에서 실 같은 흰 가루가 발생되어 발견이 용이하며 심한 경우 솜 같은 물질이 날아다니거나 땅으로 낙하된다.

❸ 형태
성충의 몸길이는 3~4㎜이며 황갈색 또는 차갈색으로 날개는 비교적 투명하고 약충은 엷은 황색으로 발달하지 않은 날개가 있다.

❹ 생활사
1년에 1회 발생하며 성충태로 월동하는 것으로 추정되고 5월 하순에 신엽에 산란하며, 난 기간은 18일 정도로 성충은 6월 말~7월경에 나타난다.

❺ 방제법
• 약제 _ 이미다클로프리드 수화제(코니도)
• 시기 _ 5월 하순~6월 초순
• 방법 _ 2,000배 희석액을 살포

잎 뒷면 솜 같은 흰 가루

약충과 솜 같은 분비물

뽕나무이 성충

뽕나무

273

돈나무이
학명 _ *Psylla tobirae* Miyatake

돈나무이 가해 약충

❶ 피해 상황
돈나무에 비교적 피해가 많이 나타난다. 돈나무는 일반적으로 진딧물류, 깍지벌레류, 응애류 등 흡수성 해충의 피해가 많으며, 우리나라와 일본에 분포되어 있다.

❷ 피해 상태
잎 뒷면에서 기생하며 수액을 흡수한다. 피해 수목은 잎이 위축되고 말리며 그을음병을 유발한다. 잎 뒷면에 흰 가루 같은 솜이 배출되어 발견이 용이하다.

❸ 형태
성충의 몸길이는 2.5~3㎜로 녹색 또는 담녹색이다. 날개는 투명하고 시맥은 황갈색 또는 갈색이다. 약충은 복부 하단부가 농갈색이나 몸색깔은 담녹색이다.

❹ 생활사
1년에 2~3회 발생하는 것으로 추정되며 성충태로 월동, 봄에 성충이 나타나 새로운 잎에 산란한다.

❺ 방제법
• 약제 _ 페니트로티온 유제(스미치온),
　　　　이미다클로프리드 수화제(코니도)
• 시기 _ 봄 새잎이 나온 후
• 방법 _ 약종에 따라 1,000~2,000배 희석액을
　　　　7~10일 간격으로 2~3회 살포

돈나무

274

돈나무이 분비물

감나무주머니깍지벌레

학명 _ *Eriococcus lagerstroemiae* Kuwana

감나무주머니깍지벌레 피해를 입은 나무

❶ 피해 상황

우리나라의 감나무에 피해가 많이 나타난다.

❷ 피해 상태

가지, 잎, 열매에 하얀 깍지가 붙어서 즙액을 흡수,
가지가 고사하거나 잎이 부분적으로 황화현상이
일어나며 열매는 요철이 생겨 상품가치가 떨어진다.

❸ 형태 및 생활사

배롱나무의 주머니깍지벌레 참조

❹ 방제법

배롱나무의 주머니깍지벌레 참조

감나무

가지에 기생하는 감나무주머니깍지벌레

잎에 기생하는 감나무주머니깍지벌레

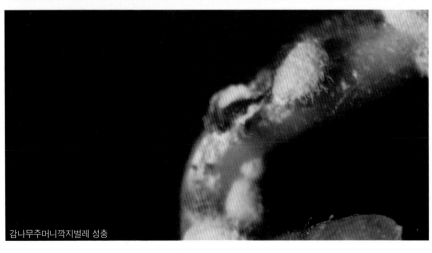
감나무주머니깍지벌레 성충

277

큰팽나무이

학명 _ *Celtisaspis japonica* (Miyatake)

❶ 피해 상황
우리나라 남쪽지방의 팽나무에 발생되고 있다. 이로 인하여 팽나무가 고사되지는 않으나 수세 쇠약의 원인이 된다.

❷ 피해 상태
주로 잎 뒷면에 기생하여 수액을 흡수하는 흡수성 해충으로 잎 표면에 뿔 모양의 충영을 만들고 그 속에서 생장한다. 약충이 침입한 잎 뒷면의 침입공은 흰 분말로 피복되는 것이 특색이다. 한 잎에 다수의 충영이 생긴다.

❸ 형태
성충의 몸길이는 암컷이 2.5~3.3㎜이고 수컷은 2.3~2.7㎜이다. 몸색깔은 차갈색 또는 담갈색이고, 앞날개는 크고 폭이 넓으며 차갈색 또는 흑갈색으로 투명한 부분과 불투명한 부분이 있다.

❹ 생활사
1년에 2회 발생하는 것으로 추정되며 6~7월, 10~11월에 성충이 출현, 산란하고 난태로 월동한다.

❺ 방제법
• 약제 _ 페니트로티온 유제(스미치온), 이미다클로프리드 수화제(코니도)
• 시기 _ 6월, 10월
• 방법 _ 약종에 따라 1,000~2,000배 희석액을 10~15일 간격으로 2~3회 살포

잎 뒷면 상태

팽나무알락진딧물

학명 _ *Shivaphis celtis* Das

❶ 피해 상황

풍게나무, 팽나무에 피해를 주며 우리나라, 일본, 중국, 대만에 분포하고 최근 우리나라 팽나무에 많은 피해를 주고 있다.

❷ 피해 상태

잎 뒷면에 군서하면서 흡즙 가해하고 피해를 받은 부분은 황색 반문이 나타나며 점차 나무 전체로 확산되면서 조기 낙엽된다. 2차적으로 그을음병의 원인이 된다.

❸ 형태

무시태생 암컷의 몸길이는 1.7~2.0㎜이고 암갈색으로 흰색 선사상물질을 분비하여 몸을 덮는다.

❹ 생활사

알로 월동하고 4월에 유충으로 발생하며 11월 상순까지 나타난다.

❺ 방제법

• 약제 _ 피레스 유제(아라보), 포리스 유제(싱싱)
• 시기 _ 4월
• 방법 _ 1,000배 희석액 살포

팽나무알락진딧물 무시충

팽나무

이팝나무흑응애

학명 _ 미상

이팝나무흑응애 피해를 입은 가지

❶ 피해 상황

국부적으로 피해가 나타나지만 주의가 요망된다.

❷ 피해 상태

잎에 작은 혹이 생기며 수세 쇠약의 원인이 된다.

❸ 생활사

미상

❹ 방제법

• 약제 _ 디메토에이트 유제(로고, 록숀)

• 시기 _ 피해 발생 시

• 방법 _ 1,000배 희석액을 살포

이팝나무

이팝나무혹응애 속의 어린 약충

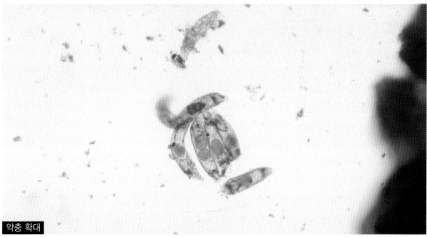
약충 확대

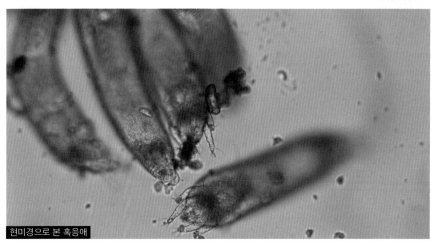
현미경으로 본 혹응애

이팝나무매미류

학명 _ 미상

이팝나무매미의 피해를 입은 나무

❶ 피해 상황

전북 고창의 이팝나무에 피해가 많이 나타났다.

❷ 피해 상태

유충이 뿌리를 가해하여 수세가 쇠약해진다.

❸ 생활사

땅속에서 유충으로 월동하고 유충이 나무 수간에서 우화한다. 정확한 생태는 불분명하다.

❹ 방제법

• 약제 _ 다이아지논 유제(다이아톤), 지오릭스 유제(지오릭스)

• 시기 _ 피해 발생 시

• 방법 _ 다이아지논 유제(다이아톤)를 지표에 뿌리고 지표면을 뒤집어주며 지오릭스 유제(지오릭스)는 500배 희석액을 지표면에 구멍을 뚫고 충분히 관주

줄기에 붙어 있는 번데기의 껍데기

땅속에서 탈출한 매미의 구멍

이팝나무

자귀나무이

학명 _ *Acizzia jamatonica* (Kuwayama)

자귀나무이 피해 잎

❶ 피해 상황

2003년 서울지방의 자귀나무에 피해가 심하게 나타났다.

❷ 피해 상태

잎에서 수액을 빨아 먹어 잎이 깨끗하지 못하고 미관을 해칠 뿐만 아니라 수세 쇠약의 원인이 된다.

❸ 생활사

미상

❹ 방제법

- 약제 _ 페니트로티온 유제(스미치온),
  메티다티온 유제(수프라사이드),
  아세페이트 수화제(오트란, 아시트, 골게터)
- 시기 _ 피해 발생 시
- 방법 _ 약종에 따라 1,000배 희석액을 살포

자귀나무이 성충

아카시잎혹파리
학명 _ *Obolodiplosis robinae* (Haldeman)

아카시잎혹파리

❶ **피해 상황**

2003년 발생하여 아카시나무에 피해를 주며 전국적으로 발생하고 있다.

❷ **피해 상태**

아카시의 잎 가장자리가 말려들어간다. 안쪽에 유충이 서식하며 가해 잎에는 흰가루병이 발병하는 특징이 있다.

❸ **형태**

성충의 몸길이는 3.03 ± 0.21㎜이고 유충은 유백색으로 두부, 다리, 미부 등이 퇴화되었다.

❹ **생태**

북미에서는 1년에 5~7회 발생하는 것으로 기록되어 있다. 서울에서는 하기에 1세대가 18~30일 소요되며, 번데기로 낙엽 내에서 월동한 뒤 4월 말~5월 초순 우화한다.

❺ **방제법**

• 약제 _ 티아클로프리드 액상수화제(칼립소)
• 시기 _ 발생 초기
• 방법 _ 2,000배 희석액을 잎에 살포

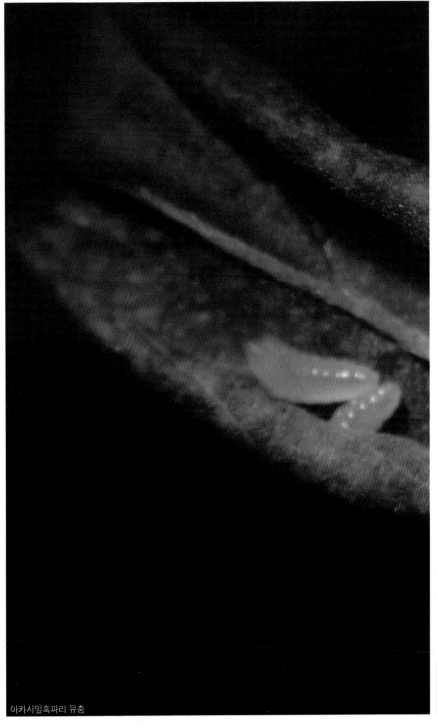

아카시잎혹파리 유충

참긴더듬이잎벌레

학명 _ *Pyrrhalta humeralis* (Chen)

❶ 피해 상황

아왜나무, 가막살나무 등에 성충과 유충이 동시에
피해를 주며 우리나라, 중국, 일본, 동시베리아 등
에 분포한다.

❷ 피해 상태

유충은 새잎의 엽맥만 남기고 식해하며, 성충은 7
월 초순~8월 초순에 피해를 준다.

❸ 형태

성충의 몸길이는 6~7㎜이고, 몸색깔은 담갈색이
다. 머리에 1개, 가슴의 등쪽에 3개의 흑색 반점이
있다.

❹ 생태

1년에 1회 발생하며 가지 등에서 알로 월동한다. 4
월 중순부터 유충이 나타나며 6월 초순부터 성충
이 출현한다.

❺ 방제법

• 약제 _ 아세페이트 수화제(오트란, 아시트, 골게터),
　　　　 펜토에이트 유제(파프),
　　　　 카바릴 수화제(세빈, 나크)
• 시기 _ 유충 발생 시
• 방법 _ 약종에 따라 1,000배 희석액을 살포

아왜나무

참긴더듬이잎벌레 성충

딱정벌레목

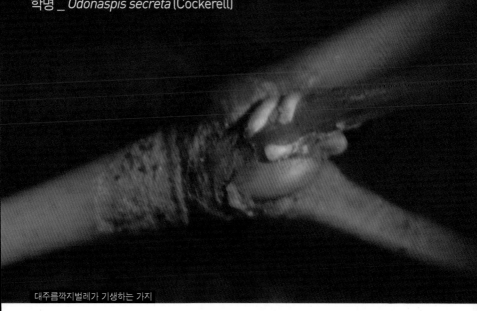

대주름깍지벌레가 기생하는 가지

❶ 피해 상황

남부지방 대나무에 발생하며 우리나라, 일본, 대만, 중국, 인도네시아에 분포한다.

❷ 피해 상태

잎과 가지에 군서하며 수액을 빨아 먹는다.

❸ 형태

깍지는 흰색이며 타원형 또는 장타원형이다.

❹ 생활사

1년에 1회 발생하고 성충태로 월동하며 약충은 5~6월에 나타난다.

❺ 방제법

• 약제 _ 페니트로티온 유제(스미치온), 메티다티온 유제(수프라사이드)

• 시기 _ 5~6월

• 방법 _ 약종에 따라 1,000배 희석액을 10~15일 간격으로 잎과 가지에 충분히 살포

대나무

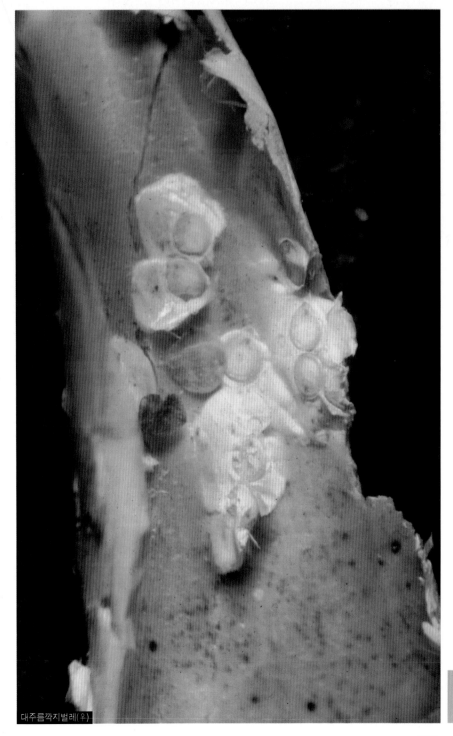
대주름깍지벌레(우)

대잎둥지속응애(가칭)

학명 _ *Schizotetranychus celarius* (Banks)

❶ 피해 상황
주로 정원, 공원에 있는 대나무에 발생되고 있다.

❷ 피해 상태
대나무 잎 뒷면에 은백색의 얇은 막이 생기며 그 속에 성충, 약충, 알 등이 들어 있다. 6~8월에 피해가 나타난다.

❸ 생활사
피해 잎에서 월동하고 피해는 4월부터 시작하여 7~8월경에 심하게 나타난다.

❹ 방제법
• 약제 _ 디코폴 수화제(켈센, 디코폴), 디메토에이트 유제(로고, 록숀), 테트라디폰 유제(테지온)
• 시기 _ 피해 발생 시
• 방법 _ 약종에 따라 1,000배 희석액을 2~3회 살포

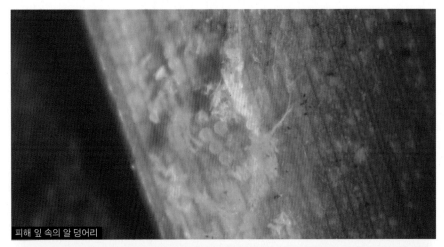
피해 잎 속의 알 덩어리

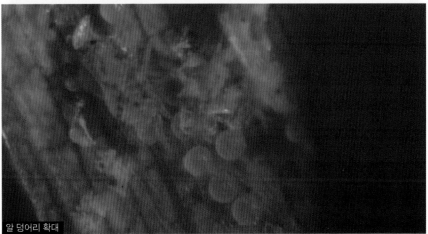
알 덩어리 확대

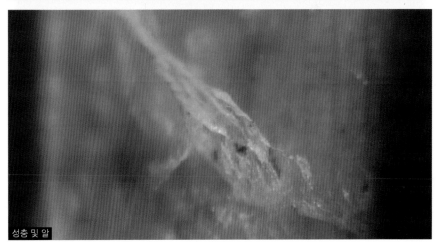
성충 및 알

대나무

대나무쐐기알락나방(대먹나방)

학명 _ *Balataea funeralis* Butler

❶ **피해 상황**

대나무류에 많은 피해를 주는 해충이다.

❷ **피해 상태**

여러 마리가 병렬로 잎을 식해한다.

❸ **형태**

유충의 몸길이는 20㎜ 정도로 등갈색을 띠며 각 마디에 검은 모기판이 있고 긴 털이 나 있다.

❹ **생활사**

1년에 2회 발생하며 번데기로 월동한다. 1화기 성충은 5~6월에 우화하며, 2화기 성충은 7~8월에 우화한다.

❺ **방제법**

• 약제 _ 페니트로티온 유제(스미치온),
         트리클로르폰 수화제(디프)

• 시기 _ 유충 발생 초기

• 방법 _ 약종에 따라 1~2회 살포한다.

죽순밤나방

학명 _ *Bambusiphila vulgaris* (Butler)

죽순밤나방 피해를 입은 죽순

❶ 피해 상황

1970년경에 지역에 따라서 심하게 피해가 나타났다.

❷ 피해 상태

새로 나온 죽순에 산란하여 죽순 속을 가해하여 기형으로 성장하고 심하면 고사한다.

❸ 생활사

1년에 1회 발생하고 봄에 죽순이 지표에서 나올 때 산란한다.

❹ 방제법

• 약제 _ 페니트로티온 유제(스미치온)
• 시기 _ 피해 발생 시
• 방법 _ 1,000배 희석액을 7~10일 간격으로 2~3회 살포

대나무

뾰족녹나무이(가칭)

학명 _ *Trioza camphorae* Sasaki

뾰족녹나무이 피해를 입은 잎

❶ 피해 상황

남부지방 해안지역에 피해가 있으며 생달나무, 후
박나무에 피해가 있다.

❷ 피해 상태

잎의 표면이 불규칙하게 융기되고 잎의 모양이 변
화되어 외관이 좋지 않으며 조기에 낙엽된다.

❸ 형태

둥근 단타원형으로 둘레에 털이 있다.

❹ 생활사

1년에 1회 발생하나 2회 발생하는 경우도 있다. 피
해 잎 속에서 약충태로 월동하고 봄에 잎 뒷면에
산란한다.

❺ 방제법

• 약제 _ 티아클로프리드 액상수화제(칼립소),
　　　　에토펜프록스 수화제(세베로)

• 시기 _ 4~5월

• 방법 _ 약종에 따라 1,000~2,000배 희석액을 10
　　　　일 간격으로 2~3회 살포

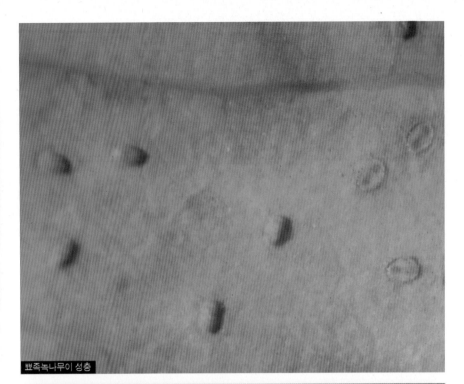
뾰족녹나무이 성충

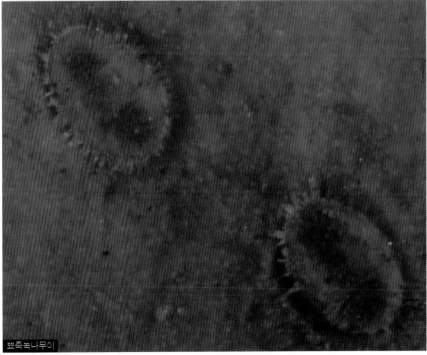
뾰족녹나무이

녹나무

뾰족생달나무이(가칭)

학명 _ *Trioza cinamomii*

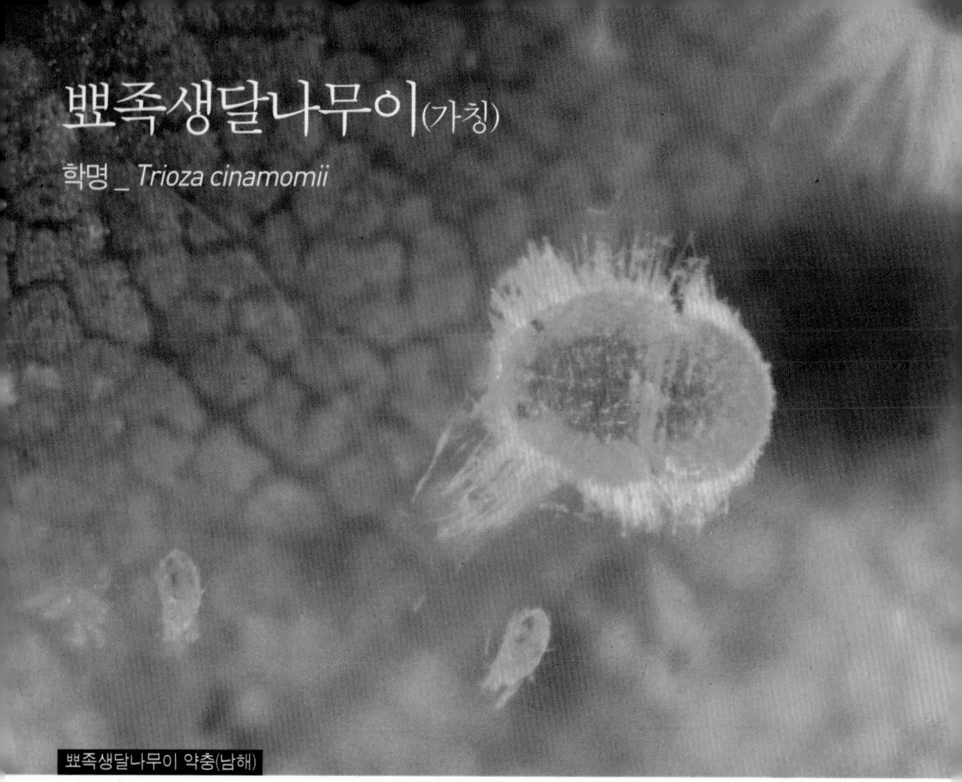

❶ 피해 상황

제주도, 남부지방의 생달나무에 피해를 주고 있다.

❷ 피해 상태

뾰족녹나무이 참조

❸ 형태

둥근 타원형에 털이 다수 있다.

❹ 생활사

뾰족녹나무이 참조

❺ 방제법

뾰족녹나무이 참조

생달나무

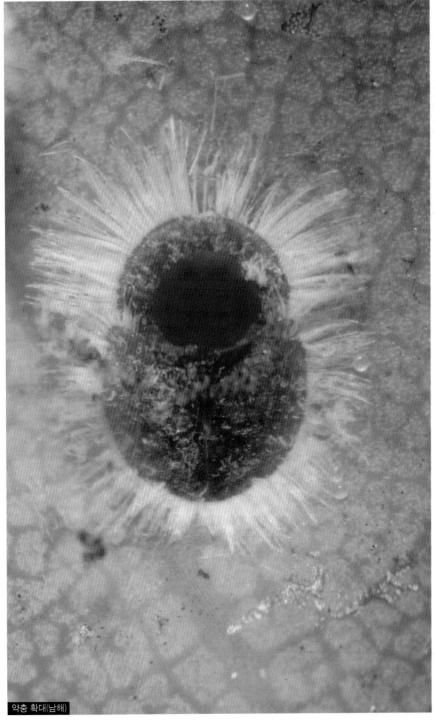

약충 확대(남해)

생달나무

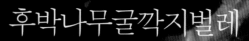

후박나무굴깍지벌레
학명 _ *Lepidosaphes machili* (Maskell)

후박나무굴깍지벌레 피해 가지

❶ 피해 상황

후박나무, 생달나무, 녹나무, 붓순나무에 피해가 있다.

❷ 피해 상태

잎, 가지에 기생하며 잎이 조기 낙엽된다.

❸ 형태

크기는 3~3.8㎜ 정도이다. 깍지는 자색, 회갈색으로 꼬리 부분이 넓어진다.

❹ 생활사

성충태로 피해 잎, 가지에서 월동하고 4월 중순경 부화유충이 발생한다. 생활사가 정확하게 알려지지 않았다.

❺ 방제법

• 약제 _ 페니트로티온 유제(스미치온),
　　　　　메티다티온 유제(수프라사이드)

• 시기 _ 4~5월

• 방법 _ 약종에 따라 1,000배 희석액을 10~15일 간격으로 2~3회 살포

후박나무

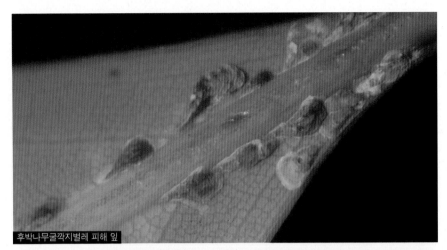
후박나무굴깍지벌레 피해 잎

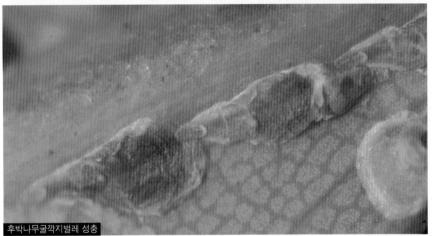
후박나무굴깍지벌레 성충

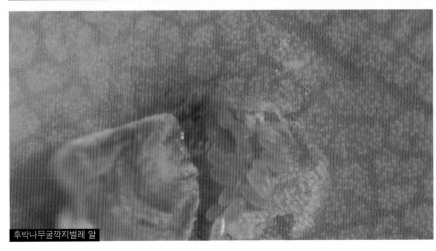
후박나무굴깍지벌레 알

뾰족후박나무이(가칭)

학명 _ *Trioza machilicola*

뾰족후박나무이 피해를 입은 가지

❶ 피해 상황

제주도, 남부지방의 후박나무에 주로 발생한다.

❷ 피해 상태

뾰족녹나무이 참조

❸ 형태

뾰족녹나무이와 거의 유사하다.

❹ 생활사

뾰족녹나무이 참조

❺ 방제법

뾰족녹나무이 참조

후박나무

피해 잎 확대

후박나무짚신깍지벌레(가칭)

학명 _ *Drosicha* sp.

후박나무짚신깍지벌레 피해 가지

❶ 피해 상황

제주도와 남부지방 해안가에 나타나고 있다.

❷ 피해 상태

줄기나 가지에 부착하여 수액을 흡즙하여 수세가
쇠약해지는 원인이 된다.

❸ 형태

10㎜ 이내의 크기로 짚신 모양을 하고 있다. 멀리
서 보면 가루깍지벌레와 유사한 형태를 하고 있다.

❹ 생활사

정확한 생활사는 알려져 있지 않다. 일반 다른 깍지
벌레와 달리 다리가 있다.

❺ 방제법

- 약제 _ 메티다티온 유제(수프라사이드),
  페니트로티온 유제(스미치온)
- 시기 _ 피해 발생 시
- 방법 _ 약종에 따라 1,000배 희석액을 충분히 살포

후박나무짚신깍지벌레 성충

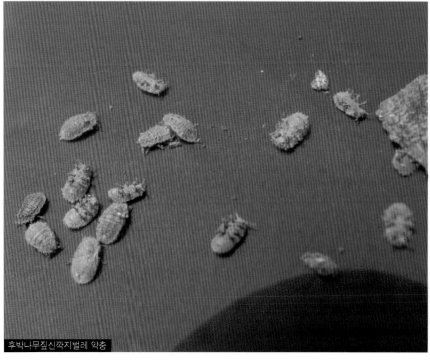

후박나무짚신깍지벌레 약충

붓순나무둥근깍지벌레

학명 _ *Metaspidiotus multipori* (Takahashi)

붓순나무둥근깍지벌레 성충

❶ 피해 상황

제주도와 남해안 해안지역에 피해가 나타나고 있다.

❷ 피해 상태

깍지는 원형 갈색이고 직경 2㎜ 내외로 잎에 기생
하며 기생 부위가 함몰되어 있다.

❸ 생활사

정확한 생활사는 밝혀지지 않았다.

❹ 방제법

• 약제 _ 페니트로티온 유제(스미치온),
  메티다티온 유제(수프라사이드)
• 시기 _ 5~8월
• 방법 _ 약종에 따라 1,000배 희석액을 수회 살포

수국나무밑잎벌(가칭)

학명 _ *Eriocampa mitsukurii*

수국나무밑잎벌 피해 잎과 밑돌기가 나타난 유충(경기 광주)

❶ 피해 상황

오리나무, 수국에 피해가 발생하고 있다.

❷ 피해 상태

잎 뒷면에서 여러 돌기의 밀랍을 뒤집어쓰고 잎을
가해한다.

❸ 생활사

5월 하순~9월까지 피해가 나타난다. 생태는 규명
되지 않았으나 유충태로 땅속에서 월동하는 것으
로 추정된다.

❹ 방제법

- 약제 _ 트리클로르폰 수화제(디프)
- 시기 _ 피해 발생 시
- 방법 _ 1,000배 희석액을 잎 뒷면에 살포

밑돌기 확대(경기 광주)

순수한 유충(경기 광주)

잔디멸강나방

학명 _ *Pseudaletia unipuncta* Walker

잔디멸강나방

❶ 피해 상황
잔디뿐 아니라 벼, 밀, 보리 등도 가해하며 우리나라 전 지역에서 발생한다.

❷ 피해 상태
유충 상태로 잎의 가장자리부터 갉아 먹는데 노령이 될수록 식해량이 많다. 낮에는 줄기 사이에 숨어 있다가 밤이 되면 잎을 가해하는 특성이 있다.

❸ 형태
유충의 몸길이는 45㎜ 정도이고 초기에는 홍색이지만 성장하면서 머리가 황색으로 변한다. 몸은 흑록색이고 배 부분은 흰색과 암황색이 섞여 있다.

❹ 생태
멸강나방은 주로 중국에서 편서풍을 타고 날아오는 해충으로 5월 하순에 나타나고 6월경 피해를 크게 준다. 또한 잎 뒷면에 알을 20~30개씩 낳으며 땅속에서 번데기가 되는 특성이 있고 우리나라에서는 월동하지 않는다.

❺ 방제법
- 약제 _ 페니트로티온 유제(스미치온),
  트리클로르폰 수화제(디프),
  펜토에이트 유제(파프)
- 시기 _ 피해 발생 초기
- 방법 _ 약종에 따라 1,000배 희석액을 살포

잔디

잔디멸강나방 유충

흰개미
학명 _ *Reticulitermes speratus* Kolbe

흰개미 피해를 입은 나무 줄기

❶ 피해 상황
원래 남방 계통의 곤충으로 우리나라에서는 고온 다습한 남부지방에 피해가 나타난다. 침입 경로는 우리나라 경부선 철도 부설 당시 침목과 함께 침입하여 신의주까지 분포하게 되었다는 기록이 있고 고흥지역의 비자림에 피해를 주어 비자나무가 고사되었다.

❷ 피해 상태
건전한 수목을 가해하는 경우는 거의 없었으나 노령목의 부패부 또는 병충해 피해로 생긴 부패 부위에 침입, 나무를 조기에 고사시키는 원인이 된다.

❸ 형태
성충의 두부는 흑갈색이고 더듬이 가운데 가슴 및 뒷가슴, 등면, 넙적다리(퇴절)는 갈색이고, 앞가슴의 등면과 다리의 종아리 마디(경절) 및 발바닥(부절)은 황색이다. 날개는 담흑갈색이고 날개맥(시맥)은 그 빛깔이 짙으며 앞날개와 뒷날개의 모양과 크기가 비슷하다. 흰개미는 여왕개미, 수개미, 병정개미, 일개미로 분류된다.

❹ 생태
5월 초순~중순경 고온 다습하면 유시충 암컷과 수컷이 교미하여 적당한 재목 또는 고사 목질부에 산란하며, 산란 수는 수만 개이다. 피해가 땅속의 목질부 내부로 시작하여 점차 위로 식해한다. 주로 목질부에서 생활하여 외형상으로는 아무 이상도 나타나지 않으며, 햇빛을 꺼리고 습한 곳을 좋아한다.

❺ 방제법
- 약제 _ 다이아지논 유제(다이아톤)
- 시기 _ 흰개미 발견 시
- 방법 _ 100~200배 희석액을 수간에 2~3회 살포

313

흰개미 가해 상태

넓적나무좀(가루나무좀)

학명 _ *Lyctus brunneus* Stephens

넓적나무좀 성충

❶ 피해 상황

우리나라 전 지역에 피해가 나타나며, 특히 외국에서 도입한 목재에 피해가 심하고 피해 목재 밑에는 가는 톱밥이 많이 발견된다.

❷ 피해 상태

건축물, 가공품에 구멍을 뚫고 침투, 표면만 남기고 내부를 불규칙하게 가해하여 피해 부위에는 고운 가루가 많다. 표면에 성충의 탈충공이 발견되기 전까지는 피해를 조기에 발견하기 어렵다.

❸ 형태

성충의 길이가 2.2~3.0㎜인 갈색의 갑충으로 황갈색의 미세한 털로 덮여 있다. 앞가슴의 등면은 앞쪽이 넓은 것이 특색이다. 알은 긴 타원형이고 유충의 경우 유백색의 충체는 배 쪽으로 구부러져 있으며 3쌍의 다리가 있다.

❹ 생활사

1년에 1회 발생하고 유충태로 월동한다. 성충은 5~8월에 재목의 표면에 원형의 구멍을 뚫고 나온다. 최성기는 6월 하순이며 야간에만 활동한다. 난 기간은 10일 정도이며, 노숙유충으로 월동하고 다음 해 4~5월경 번데기가 된다. 번데기 기간은 8~20일이고 우화한 성충은 재목의 표면에 1~2㎜의 원형 구멍을 뚫고 나온다.

❺ 방제법

목재를 메칠브로마이드 1㎥당 32g, 인타슘 1㎥당 3g를 주입, 3~4일 완전 밀봉한 후 훈증시킨다. 피해가 우려될 경우, 목재 표면에 다이아지논(다이아톤) 100~200배 희석액을 붓으로 2~3회 충분히 처리한다.

도자기해

315

나무해충도감 국문 색인

나무해충도감 영문 색인